KB017622

# 실은 나도
# 과학이 알고 싶었어 1

**ASK A SCIENCE TEACHER**

Ask a Science Teacher

# 실은 나도 과학이 알고 싶었어 1

## 사소하지만 절대적인 기초과학 상식 126

인체, 지구과학, 천문학, 기술과학

래리 세켈 지음 | 신용우 옮김

애플북스

## 일러두기

1. 외래어는 국립국어원의 표기법을 참고하되 일부는 관례적 표현에 따랐습니다.
2. 모든 각주는 편집자 주입니다.

조언과 지속적인 독려,

즐거움과 영감을 준 제 아내 앤에게 이 책을 바칩니다.

그리고 오늘의 제가 있게 해 주신

돌아가신 부모님 앨빈과 마사 셰켈에게 바칩니다.

# 서론

왜 과학을 공부해야 할까? 학생들뿐만이 아니라 심지어 어른들도 하는 질문이다. 과학의 핵심을 찌르는 아주 좋은 질문이다.

과학은 사물이 어떻게 작동하고 어떤 방식으로 존재하는가에 관한 근본적인 질문에 답하는 도구다. 과학은 당신 주변의 세상이 어떻게 돌아가고, 왜 그렇게 되어 있는지 배우는 데 진정한 가치가 있다. 과학의 원칙을 기본적으로 이해하면 미지의 세상과 우주를 더 깊게 탐구할 수 있다.

과학은 다양한 갈래로 나뉘어 세상의 여러 영역을 탐험한다. 물리학은 물질과 에너지가 서로 어떻게 작용하는지 연구한다. 예를 들어, 뉴턴의 운동 법칙과 만유인력의 법칙은 로켓이나 롤러코스터에 사용되는 핵심 메커니즘이다. 또 물리학은 자동차에 브레이크를 달아 마찰을 일으켜 속도를 줄일 때나, 반대로 모형자동차 경주대회용 차의 마찰을 최소화해 속도를 높일 때도 적용된다.

화학은 물질의 구성, 성질, 반응을 연구한다. 우리가 보고, 느끼고, 냄새 맡고, 맛보고, 만지는 모든 것은 화학과 연관돼 있다. 예를 들어, 염소(chlorine)는 사람을 질식하게 하는 온실가스다. 그리고 나트륨은 은빛의 무른 금속으로 물과 격렬하게 반응하는 물질이다. 그런데 이 두 개가 합쳐진 물질, 즉 소금 없이는 음식을 만들 수 없다.

생물학은 살아 있는 생명의 구조와 기능, 성장, 분류, 번식을 탐구한다. 이 학문은 세포가 어떻게 분열하는지, 혈액형은 왜 구분되는지, DNA가 유전정보를 담는 비밀은 무엇인지, 조직과 기관이 어떻게 노화하는지, 개 주인의 뇌와 개의 뇌는 어떻게 다른지까지 다룬다.

지금까지 언급한 세 가지 분야는 과학의 큰 갈래다. 이 주요 분류 아래 천문학과 지질학, 동물학에 이르는 50가지가 넘는 과학의 갈래들이 넓고 깊게 끝없이 펼쳐진다.

단순히 재미의 관점에서 보더라도 과학의 탐구는 소수의 엘리트뿐 아니라 모든 사람에게 중요하고 실용적인 단서를 제공한다. 가수든, 관리인이든, 농부든, 핵물리학자든, 누구나 과학적으로 사고하고 세상의 정확한 정보를 기반으로 결정을 내리는 일이 매우 중요하다. 흡연을 할 것인가 말 것인가, 음식을 먹을 것인가 말 것인가, 어떤 차를 살 것인가 같은 물음도 과학적 근거를 바탕으로 결정된다.

기업이나 정부에서 정책을 만드는 일부 사람들은 다수에 영향을 미치는 결정을 내린다. 이들은 인구 증가나 환경 문제, 핵, 기후 변화, 그리고 우주 탐험 혹은 지역 급수 및 상수도 문제, 고속도로와 다리 건설, 가로수 선택, 학교 신설 등 한 나라 혹은 세계에 영향을 끼치는 문제를 다룬다. 그리고 이 사안들은 모두 과학적으로 접근할 때 가장 합리적인 해결책을 얻을 수 있다. 또 책임감 있는 유권자라면 과학적 감각을 발휘해 이런 문제를 잘 해결할 능력 있는 후보를 선택해야 한다.

그렇다고 과학의 가치가 실용성에 국한되는 건 아니다. 과학 교사로 일한 경험에 따르면, 과학을 배우는 건 정말 즐겁다. 프랑스의 기술자이자 물리학자, 수학자인 앙리 푸앵카레(Henri Poincare, 1854~1912)는 이렇게 말했다. "과학자는 자연이 유용하기 때문에 연구하는 것이 아니다. 그 안에 즐거움이 있고, 또 그 즐거움 속에 아름다움이 있기에 연구한다. 자연이 아름답지 않다면 알아야 할 가치가 없고, 또 자연에 알 만한 가치가 없다면 생명 또한 살아야 할 가치가 없다."

나는 자연 속에 즐거움과 아름다움이 있고 그 안에 과학이 있다는 사실에 영감을 받아, 1993년부터 '과학선생님에게 물어봐'라는 과학 칼럼을 쓰기 시작했다. 나는 미국 위스콘신주 토마라는 인구 8000명의 작은 도시에 사는데, 이곳에서는 《토마 저널(Tomah Journal)》이라는 신문이 일주일에 두 번 발행된다. 내 칼럼은 매주 목요일에 나온다. 그러다 보니 난 마을에 상주하는 과학 전문가이자 과학선생이 되었다.

칼럼을 쓰기 전, 나는 아주 중요한 문제와 씨름했다. 바로 '질문을 어디서 얻을까?'였다. 나는 주변 선생님들에게 요청해 학생들에게 종이를 나눠 주고 호기심을 느꼈거나 애먹었던, 혹은 항상 궁금했던 것들을 적어 내도록 했다. 2주 뒤 나는 130개의 질문을 추려 냈다. 그리고 그중에서 다시 10개의 질문을 골라 답을 써 내려갔고, 내 첫 번째 칼럼을 완성했다.

아이들은 열린 마음과 편견 없는 시선으로 최고의 질문자가 되곤 한다. 어른들은 반복적인 경험이 많아서 그런지 일상생활에서 모두가 접하지만 생각해 본 적 없는 사실에 관한 기본적인 질문은 하지 않는 경향이 있다. 반면에 아이들은 자신의 몸이나 태양계, 학교에서 배우는 모든 것을 궁금해하고, 질문하는 데 거리낌이 없다.

《실은 나도 과학이 알고 싶었어》는 내 수업을 듣지 못했거나 칼럼을 읽지 못한 모두를 위한 책이다. 첫 칼럼을 쓴 지 20년이 지난 시점에서, 550개가 넘는 글 가운데 250개를 선정해 여기에 실었다.

내 전문 분야인 물리학을 제외한 생물학, 화학, 지구과학에 관한 질문은 온전한 답변을 위해 다양한 자료를 찾아보는 노력을 더 기울였다. 《과학선생님》, 《어린이와 과학》, 《과학 범주》, 《물리선생님》 같은 잡지들을 참고하기도 했다. 그리고 인터넷이라는 소중한 도구도 활용했다. 의사, 기술자, 변호사, 기업가, 제조공장 관리인 등을 만나 도움이나 조언을 구하는 일도 많았다.

매주 칼럼을 쓰며 놀라는 일도 자주 있었다. 어떤 질문들은 쉽게 답변을 못 하거나 아예 답을 모를 때도 있었기 때문이다. '신은 누가, 왜 만들었을까?', '사람들은 왜 서로를 못살게 굴까?', '중력이 작용하지 않을 때도 있을까?', '돼지는 왜 콧방귀를 뀔까?', '삶은 어떤 의미가 있을까?', '소는 왜 말을 못 할까?'(위스콘신주에는 젖소가 많다!), '닭이나 칠면조는 왜 날지 못할까?' 이런 질문은 무슨 말로 글을 시작해야 할지조차 떠오르지 않았다.

이 책이 당신에게 재미있는 읽을거리이자, 꽉 막혔던 궁금증을 해소해 주는 답변자가 되길 진심으로 바란다. 그리고 나는 당신이 앙리 푸앵카레처럼 과학의 즐거움을 발견하길 바란다. 과학은 그만큼 아름답고 알 만한 가치가 있으므로!

차례

## 2장 __ 우리 몸의 신비를 좀 더 풀어 보자



## 3장 __ 우리 몸에 대한 호기심을 끝까지 풀어 보자

## 4장 ___ 땅과 바다, 하늘에 대한 궁금증을 풀어 보자

## 5장 __ 지구와 달의 비밀을 풀어 보자

## 6장 __ 지구 밖 우주의 신비를 풀어 보자

## 7장 ___ 과학기술에 대한 궁금증을 풀어 보자

1장

# 우리 몸에 대한 궁금증을 풀어 보자

## 001 우리 몸에는 세포가 몇 개나 있을까?

인간의 몸에 있는 세포의 개수는 정확히 알 수 없다. 대략 100조 개 정도로 추정할 뿐이다. 100조는 '1000만×1000만'으로 국가의 채무 따위를 계산할 때나 볼 법한 숫자다! 세포의 수는 사람마다 다른데, 체격이 큰 사람은 세포의 수도 많다. 또한 끊임없이 수명이 다한 세포는 죽고 새로운 세포가 생겨나고 있으므로 수가 항상 일정하지 않다.

세포는 크기가 너무 작아 대부분 현미경으로 봐야 한다. 모든 세포는 기존에 있던 세포에서 만들어진다. 몸 안에 있는 각각의 세포는 크게 세포질과 세포핵으로 나뉘어 있으며, 하나의 작은 공장 같은 역할을 한다. 세포질에는 에너지를 소비하고 변환하는 부분이 있어 세포의 구성 요소를 저장하거나 이동시키고, 노폐물을 분해하거나, 단백질을 가공 혹은 처리하는 등의 특정 역할을 한다. 중앙관제소인 세포핵에는 유전정보가 담겨 있어 세포가 분열할 수 있다. 세포 안에 있는 미토콘드리아는 음식과 산소를 합쳐 에너지로 만드는 하나의 발전소다. 인간과 동물의 세포는 얇은 막으로 둘러싸여 있는데, 이 세포막을 통해 영양소가 통과하고 노폐물이 배출된다. 세포에 필요한 에너지는 음식이 제공한다. 각각의 세포는 산소를 이용해 음식이 주는 영양소를 태우는데, 이를 '대사작용'이라고 한다.

몸에 있는 일부 세포는 절대 분열하지 않는다. 그리고 적혈구나 표피세포에는 세포질이 있지만, 핵은 없다.

세포의 활동은 '호흡'이라고 한다. 산소는 음식물을 작은 조각으로 쪼갠다. 음식 분자는 이산화탄소와 물로 산화되는데 세포 무게의 3분의 2를 물이 차지한다. 생성된 에너지는 세포의 활동에 쓰인다. 세포막에는 주위 세포들을 식별하는 수용체가 있다. 각각의 세포는 다른 화학물질을 만들어 주변에 있는 여러 종류의 세포들이 특정 반응을 하도록 이끈다. 이 각각의 세포들에서는 20가지의 서로 다른 세포 소기관이 발견된다.

사람의 몸을 이루고 있는 세포의 종류는 200가지가 조금 넘으며, 모양과 크기는 기능에 따라 결정된다. 근육세포는 형태도 다양하고 역할도 다양하다. 혈액세포는 한자리에 고정되어 있지 않고 혈관을 자유롭게 돌아다닌다. 피부세포는 빠르게 분열되고 재생된다. 췌장에 있는 어떤 세포는 인슐린을 만들고, 어떤 세포는 소화에 쓸 췌액을 만든다. 폐의 내벽에 있는 세포들은 점액을 생성하며, 또 다른 폐포세포들은 혈액에 있는 가스를 처리한다. 장에 있는 세포들은 세포막을 확장해 표면적을 넓게 만들어 더 많은 음식을 섭취할 수 있게 한다. 심장에 있는 세포들에는 미토콘드리아가 많아 엄청난 양의 에너지를 소비할 수 있다. 일이 아주 고되기 때문이다.

전기자극을 만들고 전달하는 신경세포들은 대부분 분열하지 않는다. 이 세포들은 우리의 신경 시스템 속 특정한 장소에만 존재한다. 뇌의 외부에 있는 길이가 긴 신경세포는 뇌와 다른 신체 기관에 신호를 전달해 근육을 움직이고 우리가 주변 환경을 느낄 수 있게 한다. 그 외에도 1000억 개에 달하는 신경세포가 있는데, 바로 뇌세포다.

뇌세포는 우리 몸에서 가장 중요한 세포다. 뇌는 곧 나 자신이다. 다섯 살 이하 어린이의 뇌세포는 어느 정도 재생이 가능하다. 하지만 우리의 뇌세포는 항상 자연적으로 소멸하고 있으며, 그 수는 일반적으로 하루에 약 9000개 정도다. 큰 숫자처럼 들리지만, 뇌에 약 1000억 개의 세포가 있다는 걸 생각하면 그다지 대수롭지 않다. 하지만 접착제나 휘발유, 페인트 희석제 속의 유해 화학물질을 흡입하면 뇌세포 손실량이 평소의 30배 정도로 증가한다. 지나친 음주도 뇌세포 손실에 큰 영향을 준다.

세포들은 뼈나 피부, 근육 등을 형성하고 있다. 여러 종류의 세포가 모여 장기를 이루고, 다양한 장기들이 모여 소화기관이나 순환기관 등을 형성한다. 그리고 모든 기관이 모여 맡은 역할을 할 때 건강한 신체로서 기능한다.

물론 세포들은 살아 있지만 죽기도 한다. 간세포의 수명은 약 1년 반 정도이며, 혈액세포인 적혈구의 수명은 120일이다. 피부세포의 수명은 30일이고, 백혈구의 수명은 겨우 13일 정도다. 인간의 몸에서 가장 많은 세포는 세균세포인데 대부분 건강에 이롭다.

믿기 어렵지만, 일반적으로 성인의 몸에서 1분당 1억 개 정도의 세포가 손실된다. 다행인 건 매분 세포 분열을 통해 그 손실이 메꿔진다는 사실이다. 그리고 우리 몸에 100조 개의 세포가 있다는 걸 기억하면 1억 개쯤은 별것 아니다.

## 002 왜 아기와 노인은 자주 아플까?

아기들이 어린이나 어른보다 더 자주 아픈 이유는 면역 체계가 아직 완전히 발달하지 않아 기능을 제대로 하지 못해서다. 가장 흔한 병인 감기는 호흡기를 통해 감염되는 바이러스성 질환이다. 의사들 말에 따르면, 일반적으로 건강한 아기는 첫돌이 되기 전 약 일곱 번 정도 감기를 겪는다고 한다. 감기와는 다른 바이러스로 인해 발생하는 독감도 흔한 병인데, 감기와 같은 호흡기 증상 외에도 열, 오한, 피로, 그리고 간혹 구토나 설사 같은 소화기계 증상까지 나타난다.

아기들이 자주 병에 걸리는 또 다른 이유는, 유아원이나 다른 보육시설에서 다른 아이들과 함께 생활하다 보면 바이러스나 박테리아에 쉽게 노출되기 때문이다. 일반적으로 보육시설에 다니는 아이들은 집에 있는 아이들보다 감기, 콧물 증상, 귓병 등을 자주 일으킨다. 하지만 이런 질병에 일찍 노출되면 면역 체계도 그만큼 빨리 발달한다.

아기들은 이 넓고 놀라운 세상에 대한 호기심이 가득하다. 그리고 뭐든 일단 입으로 가져가는 것을 세상을 느끼는 하나의 방법으로 사용하는데, 이때 얼마나 많은 세균이 들어갈지 말하지 않아도 알 것이다.

게다가 아기들에게는 다양한 바이러스들을 물리칠 항체를 형성할 충분한 시간이 주어지지 않았기 때문에 감기를 일으키는 바이러스에 대항할 면역이 없다. 아기들은 태어날 때 엄마의 항체를 일부 물려받는데, 항체는 엄마 배 속에 있을 때 태반을 통해 옮겨진다. 이러한 면역력은 영구적이진 않지만, 엄마의 모유 속에는 항체가 많이 포함되어 있어 수유를 통해 지속되기도 한다. 모유 수유를 받는 아기가 그렇지 않은 아기보다 감기나 독감에 덜 걸리는 이유다. 아기들 역시 성인과 마찬가지로 자신이 노출된 세균에 반응해 스스로 항체를 형성한다. 그러므로 아기들 주변의 모든 병원체를 제거하는 것은 오히려 좋지 않다.

전국적으로 감기가 유행하는 겨울은 아기들에게 힘든 시기다. 겨울에는 사람들이 실내에서 지내는 시간이 많기 때문에 바이러스가 사람에서 사람으로 더 자주 옮겨 간다. 실내의 건조한 공기가 콧속을 마르게 하고 바이러스를 증식시킨다.

아이와 어른 모두 박테리아 및 바이러스 감염에 민감하다. 박테리아 감염으로 생기는 병은 수막염, 콜레라, 선(腺)페스트, 결핵, 디프테리아, 탄저병이 있다. 이 무서운 질병들을 치유하는 백신은 수십 년 전에 이미 개발되었다. 아기와 노인을 주로 괴롭히는 건 바이러스다. 그리고 가장 흔한 예가 감기다.

감기는 치료제가 없다. 다양한 바이러스가 감기를 일으키기 때문에 그중 하나에 관한 약을 개발한다 해도 다른 바이러스로 인해 감기에 걸리게 된다. 사람들은 자신이나 아이가 감기에 걸리면 항생제가 감기 치료에 효과가 없다는 사실을 모르고 종종 의사에게 항생제 처방을 요구하곤 한다. 감기나 독감의 증상을 완화해 고통을 덜고 회복을 도울 수는 있는 약이 있기는 하다. 최근에는 일부 바이러스에 대항하는 치료제들이 개발되었다. 예를 들어, 어떤 백신은 독감을 예방하고 증상이 나타난 뒤에도 빨리 접종하기만 하면 효과가 있다.

노인들은 면역 체계가 약해져 자주 병에 걸린다. 또 몸 상태에 따라 병에 더 취약해지기도 한다. 심장병이 있거나, 신장에 문제가 있거나, 천식을 앓거나, 당뇨에 걸리는 등 원치 않는 질환을 앓고 있을 수 있다. 이 많은 병과 그 치료 과정은 환자의 면역 체계에 부담을 준다.

이러한 이유로, 미국 질병통제예방센터(CDC)는 신종 독감이 전국적으로 퍼지면 5세 미만 어린이와 65세 이상 노인에게 예방접종을 한다. 2009년 유행했던 일명 '돼지독감' H1N1은 증상은 가벼웠지만 사망률은 상당히 높았다. 세계보건기구(WHO)에 따르면, 당시 H1N1 바이러스로 28만 4500명이 목숨을 잃었는데 주로 아프리카와 동남아시아 사람들이었다.

## 003 타고나는 점, 모반은 평생 사라지지 않을까?

모반(출생점)은 피부 위나 바로 아래가 착색된 상태를 말한다. 보통 태어날 때부터 가지고 있는데, 일부는 출생 직후 나타나기도 한다. 모반은 나이가 들며 연해지기도 하지만 점점 커지고 색이 짙어진다.

거의 모든 모반은 유해하지 않으며, 아프지도 않다. 크기나 모양, 색은 매우 다양하다.

모반이 생기는 이유는 크게 두 가지다. 혈관이 평범하게 뻗어 나가지 않고 밀집하거나, 혹은 피부 속 색소생성세포(멜라닌 세포)가 과잉해 발생한다. 의사들도 이런 현상이 왜 일어나는지 모르지만, 대개 유전 현상과 연관된 것으로 본다.

미국에서 가장 흔한 건 포도주색 모반이다. 보통 태어났을 무렵에는 연한 붉은색으로 나타나지만, 나이가 들며 완전히 빨개지거나 보라색으로 변한다. 포도주색 모반은 혈관이 일반적으로 형성되지 않아서 생기는 것으로, 크기와 모양이 다양하다. 흔히 얼굴, 등, 가슴에 나타난다. 딸기 모반(딸기 혈관종)은 갓난아기에게 나타나는 또 다른 형태의 모반이다. 역시 혈관이 뭉치거나 일반적으로 형성되지 않았을 때 나타난다.

몽골반은 동아시아 사람들에게 흔히 나타나는 출생점이다. 엉덩이 위에 생기는 푸르스름한 점으로 다섯 살쯤 되면 사라진다. 또한 연어반(salmon patch)은 미국에서 아주 흔한 출생점으로 신생아의 75퍼센트가 가지고 있다. 아주 작은 혈관들이 팽창해 생기며, 대부분 한두 살쯤 사라진다. 황새점(stork mark)은 뒷목과 이마, 눈꺼풀 위에 나타나 두 살쯤 되면 사라진다.

모반이 없어지지 않는 아이들은 학급 친구들에게 놀림을 받거나 괴롭힘을 당하기도 한다. 이렇게 어린 시절 또래들에게 받는 수모는 때로 인생의 큰 상처로 남는다. 하지만 좋은 소식이 있다. 얼굴이나 목에 있는 모반을 티가 덜 나게 감춰 주는 화장용 크림이 있다는 것이다. 수술로 없애거나 레이저로 밝게 하기도 하지만 이런 방법은 고통을 동반한다. 대부분의 모반은 해가 되지 않으니 굳이 치료할 필요는 없다.

## 004 피는 왜 하필 빨간색일까?

피의 붉은색은 적혈구에서 산소와 이산화탄소와 결합하는 헤모글로빈이 내는 색이다. 헤모글로빈은 '헴(heme)'이라는 화합물로 구성돼 있는데, 이 혈액 색소에 철이 포함돼 있어 붉은색을 띤다. 몸속을 항상 순환하고 있는 작은 원반 모양의 적혈구는 그 수가 35조 개나 된다. 35조는 35 뒤에 0이 열두 개나 붙는 큰 숫자다. 그리고 적혈구 하나는 일반적으로 2억 5000만 개 이상의 헤모글로빈 분자를 가지는데, 각각의 헤모글로빈은 네 개의 헴 그룹으로 이루어져 있다.

혈액은 심장의 박동에 따라 혈관을 통해 우리 몸을 순환한다. 혈액은 폐로 들어가 헤모글로빈이 산소와 만날 때 선명한 붉은색을 띤다. 적혈구는 헤모글로빈을 산소와 결합시켜 동맥과 모세혈관을 통해 신체 곳곳으로 나른다. 반대로 몸의 세포들에서 발생하는 이산화탄소는 정맥과 모세혈관을 통해 심장으로 향한다. 어두운색을 띠는 정맥 혈액은 몸의 여러 조직에서 흡수한 이산화탄소를 폐를 통해 배출한다.

혈액은 다양한 물질과 세포를 싣고 우리 몸의 배관시설인 동맥, 정맥, 모세혈관을 통해 흐른다. 혈액의 액체 부분인 혈장은 밝은 노란색을 띠며 물보다 밀도가 높다. 혈장은 질병과 싸우는 항체와 혈액의 응고를 돕는 피브리노겐, 단백질을 운반한다. 또한 혈장에는 당질과 지방, 염분도 포함돼 있다. 어린 적혈구는 뼈의 골수에서 만들어진다. 적혈구의 기대 수명은 약 넉 달 정도다. 그 후 비장에서 파열돼 새로운 적

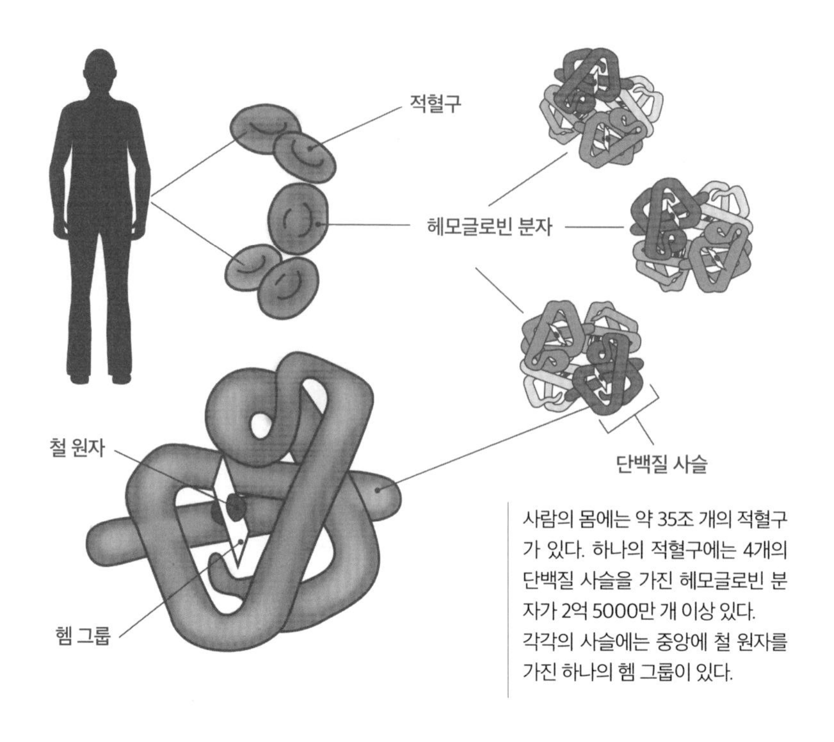

사람의 몸에는 약 35조 개의 적혈구가 있다. 하나의 적혈구에는 4개의 단백질 사슬을 가진 헤모글로빈 분자가 2억 5000만 개 이상 있다. 각각의 사슬에는 중앙에 철 원자를 가진 하나의 헴 그룹이 있다.

혈구로 대체된다. 늙은 세포들은 끊임없이 새로운 세포들로 교체된다. 혈액에는 몇몇 종류의 백혈구도 포함돼 있다. 세균이 침입하면 백혈구들이 그곳으로 달려가 방어 항체를 생산해 세균들을 덮치고, 다른 백혈구들이 포위해 먹어치운다.

성인의 몸에는 3.8~5.7리터의 혈액이 있다. 많은 양의 혈액을 손실하면 쇼크가 오고 사망에 이르는데, 혈액형이 맞는 사람에게 수혈을 받으면 위기에서 벗어날 수 있다. 최초의 수혈 기록은 1665년 영국 옥스퍼드의 리처드 로어가 개의 피를 뽑아 다른 개에게 수혈한 사례다. 최초의 인간과 인간 사이의 수혈은 1795년 미국 필라델피아에서 있었다고 한다.

005 

## 왜 몸에 안 좋은 음식일수록 당길까?

간단히 답하자면, 정크푸드에 설탕이 엄청나게 들어가 있기 때문이다. 많은 정크푸드는 눈에 띄는 밝은색으로 우리의 (특히 아이들의) 시선을 사로잡는다. 또 사람들은 햄버거나 핫도그, 감자튀김같이 손으로 먹는 음식을 좋아한다. 아이들을 대상으로 한 광고도 젊은 세대가 정크푸드에 더 끌리게 한다. 음식을 튀기면 다른 자극적이지 않은 음식보다 더 맛있어져서 아이나 어른이나 튀긴 음식에 빠지게 된다. 기름진 음식을 먹으면 뇌에서 아드레날린과는 반대로 마음을 차분하게 만들고 스트레스를 줄이는 강한 호르몬인 옥시토신을 혈관으로 분출시킨다. 그래서 정크푸드를 '위안이 되는 음식'이라 하는 것이다.

인간은 유전적으로 많이 먹도록 프로그램되어 있다. 음식이란 것은 수천 년 동안 매우 부족했다. 더구나 소금, 탄수화물, 지방이 포함된 음식은 구하기 힘들었으므로 많으면 많을수록 좋았다. 모두 인간의 식단에 필요한 영양소지만 구하기가 힘들어 지나치게 많이 먹게 되는 일은 결코 없었다. 옛날 사람들은 사냥을 하거나 농사를 지어 음식을 마련했는데, 그건 모두 열량이 무척 많이 소비되는 일이었다.

하지만 요즘엔 다르다. 사방에 음식이 널려 있다. 패스트푸드점과 식당이 수도 없이 많다. 하지만 우리는 뼛속 깊이 뿌리내린 '석기시대 정신'으로 아무리 먹어도 만족을 모른다. 사실 '몸에 안 좋은' 음식에 끌리는 것도 우리 몸이 건강한 상태를 유지하려 노력하기 때문이다.

식품 제조업자들은 음식에 색을 입힌다. 밝고 생기 넘치고 강렬한 색은 소비자에게 더 매력적으로 보인다. 우리는 칙칙한 색의 사과나 푸릇한 사과보다 선홍색 사과에 더 끌린다. 옛날에는 쓸 만한 에너지와 영양소를 가진 음식을 찾아내는 게 생존에 필요한 중요한 능력이었다. 인간은 열량이 많은 음식을 구분할 수 있어야 했다. 건강한 뇌 기능을 유지해 주는 음식과 치료에 도움이 되는 음식, 면역을 강화해 주는 음식을 구분할 필요가 있었다. 자연 속에 있는 이런 음식 중 다수가 색이 밝았는데, 사과, 오렌지, 바나나, 당근, 베리류가 그 예다. '색'은 신선한 음식을 구분해 주는 확실한 기준이었다. 사과, 바나나, 베리류는 상하면 색도 함께 바랜다. 식품 제조업자들은 형형색색의 음식이 신선한 음식이라는 잘 정립된 태고의 개념을 이용하고 있는 것이다!

첨가물은 식품의 맛을 좋게 하고, 색도 좋게 하며, 보관 기간도 길게 만든다. 전문가들은 이 모든 첨가제가 우리 몸에 좋지 않다고 말한다. 일부 첨가제는 타르와 석유화학제품으로 만들기도 하는데, 우리 몸은 원래 석유를 소화할 수 있는 구조가 아니다. 어떤 첨가제는 안전한 듯 보이지만 검증되지 않은 것도 많다. 이런 첨가제가 지금 아이들의 비만이나 주의력 결핍 및 과잉행동장애(ADHD), 이상 행동에 영향을 끼치는 게 아닌지 의심이 커지고 있다. '블루#2', '옐로#5', '레드#40' 같은 식용색소는 암과 ADHD에 연관된 것으로 알려져 있다.

몸에 안 좋은 음식은 당연히 영양소가 부족하다. 통밀에서 나오는 하얀 밀가루는 식품 제작 과정에서 섬유질과 함께 많은 영양소가 버려진다. 다른 재료를 가미해 풍미는 좋아지지만, 영양소가 원래의 통밀과 같을 수 없다.

미각이 몸에 안 좋은 음식에 현혹되면 다른 부작용도 발생하는데, 그중 하나가 2형 당뇨병의 발병률이 크게 높아지는 것이다. 안 좋은 음식을 너무 많이 먹어 발생한 이중고라 할 수 있다. 이 당뇨병은 대개 성인들에게 나타나 '성인병'으로 불리곤 했다. 하지만 최근 아동기와 청소년기에 발병하는 사례가 계속 증가하고 있는데, 이러한 추세는 아동 비만의 증가와 연관되어 있다. 백설탕이나 백밀가루로 만든 모든 음식은 당뇨에 영향을 끼친다. 과자, 케이크, 사탕, 탄산음료, 아이스크림, 페이스트리 모두 포함된다. (우리 대부분이 좋아하는 맛있는 음식들이다!) 이 음식들은 당과 지방이 많아 고혈압과 심장병의 원인이 되기도 한다.

전문가들은 아리스토텔레스의 격언을 되새기라고 말한다. '행복한 삶은 모든 것을 절제하는 중용에서 비롯된다.'

## 006 우리가 꾸는 악몽은 어떻게 나타나는 것일까?

악몽은 괴로움과 불쾌감, 강한 공포감을 주는 꿈을 말한다. 악몽을 꾸는 사람은 심장이 빨리 뛰고 땀을 흘린다. 간혹 수면 중에 공포와 위협을 느껴 잠에서 깨기도 한다. 수면 전문가들은 30~50퍼센트의 아이들이 악몽을 꾸지만, 다행히도 대부분 자라면 자연히 사라진다고 한다. 나는 어렸을 때 무언가에 쫓기는 악몽을 자주 꿨는데, 왜 그렇게 도망쳤는지 이유는 기억나지 않는다.

악몽이 아주 길고 복잡할 때도 있다. 당사자는 안전이나 생명에 위협을 느끼기도 한다. 위협이 증가하면 공포감도 커지는데, 보통은 위협이나 위험이 극에 달하는 순간 잠에서 깬다.

청소년의 약 3퍼센트가 수시로 악몽을 꾼다. 성인의 경우에는 2명 중 1명이 간혹 악몽을 꾸며, 2~8퍼센트 정도는 잦은 악몽으로 괴로워한다. 어른들이 꾸는 악몽은 대개 현실의 스트레스, 우울감, 걱정과 연관된다. 실직, 재정적 위기, 결혼 문제, 배우자의 죽음, 이사 등 삶의 큰 변화가 닥쳤을 때 꾸기도 한다. 또 지나친 알코올의 섭취 혹은 갑작스러운 금주가 악몽으로 이어지기도 한다.

악몽은 렘수면(REM, 수면 중 급속안구운동) 단계에서 일어난다. 렘수면은 성인의 야간 수면 중 약 20퍼센트 정도를 차지하는데, 중간중간 다른 형태의 수면이 끼어들어 총 4~5회에 걸쳐 나타난다. 렘수면은 밤이 깊어질수록 길어져, 새벽에 악몽을 경험하는 일이 가장 많다. 그래서 한 번의 수면에서 렘수면은 4~5회 정도 나타나지만 대개 악몽은 수면의 후반 단계에서 일어나는 것이다.

수술이나 뇌 손상, 전쟁이나 전투 같은 외상 후 스트레스 장애(PTSD)를 동반한 경험이 악몽을 불러오기도 한다. 또한 잠자리에 들기 직전에 음식을 먹으면 뇌 활동과 신진대사가 활발해져 악몽을 꿀 확률이 높아진다. 악몽의 가장 흔한 원인은 스트레스로 여겨지며, 요가나 명상 같은 이완 요법이 스트레스 해소에 도움을 준다.

악몽은 명확히 진단할 방법이 없다. 하지만 의사에게 악몽을 꾼다고 상담할 정도가 되면 다른 지속적인 장애가 겉으로 드러난다.

## 007 치아 교정기는 어떻게 이를 바르게 만들까?

치아 교정기는 두 가지 결과를 낳는다. 첫 번째로 아이의 이를 곧게 만들고, 두 번째로 부모가 치료비 때문에 투잡을 뛰게 한다!

바르게 난 이는 잘 물고, 잘 씹고, 정확한 발음으로 말하는 데 도움이 된다. 가지런한 이는 보기에도 좋고 기능상으로도 더 나은 편이다. 또 플라크(치태)가 숨을 곳이 적어 충치를 예방하는 데 도움이 된다. 플라크는 치은염이나 그 외 더 심각한 잇몸병을 일으키기도 한다. 앞니에 난 덧니는 사고로 부러지고 깨질 확률이 높다. 치열이 고르지 않으면 치아의 표면이 불규칙하게 마모되고, 턱관절이 비뚤어지며, 목과 얼굴에 통증이 생겨 심할 경우 두통까지 생긴다.

매력적인 미소 또한 가지런한 이로 얻을 수 있는 일종의 덤으로 자신감과 자존감을 높여 준다. 예쁜 치아가 사회성을 높이고 경력에도 도움을 주는 셈이다.

그런데 치아 교정기는 어떻게 작동할까? 교정기는 치아에 압력을 가해 치아를 오랜 기간에 걸쳐 조금씩 이동시킨다. 그리고 그 압력은 치아에 고정된 교정기에 연결된 치아 교정용 와이어(치열궁선)에서 발생한다. 당연히 윗니와 아랫니는 각기 다른 와이어를 사용한다. 치아 교정용 와이어는 탄력이 있는 소재로, 들쑥날쑥한 치아 위의 교정기를 따라 구부리거나 모양을 바꿔 설치할 수 있다. 덕분에 치과 의사는 치아에 부드럽게 힘을 가해 원하는 위치로 이동시킬 수 있게 된다. 가끔 교정기를 눈에 띄지 않도록 치아 안쪽에 설치하기도 하는데, 이는 발음 장애나 혀의 염증 등의 문제를 일으키기도 한다.

예전 교정기는 각각의 치아에 커다란 금속 밴드를 씌우고 그 위에 와이어를 연결하는 식이었다. 하지만 요즘에는 아주 작은 브래킷들을 치아 앞쪽으로 고정하고, 그 위에 와이어를 연결한다. 두 방법 모두 와이어를 조금씩 순차적으로 조정해 지속적인 압력을 가해서 치아를 원하는 위치로 이동시킨다.

요즘 치아 교정용 와이어는 니티놀(Nitinol, 티타늄과 니켈을 섞은 비자성 합금)로 만든다. 이것은 우주시대의 금속 합금으로 나사(NASA)에서 접이식 인공위성 안테나를 만들 때 사용한다.

니티놀은 상온에서 아주 유연하고 변형이 쉽지만, 열을 가하면 원래 형태로 돌아온다. 그래서 고르지 않은 치아 위에 그 모양대로 설치한 니티놀 와이어가 입안에서 체온에 반응해 원래 모양으로 돌아가며 계속 치아에 압력을 가하게 되는 것이다.

와이어를 설치하기 전에는 먼저 각각의 치아를 에칭(etching, 치과용 산부식제)으로 닦아야 치아의 에나멜질이 부식되어 브래킷을 고정할 접착제를 잘 바를 수 있다. 그다음 교정 전문의가 에칭을 닦아 내고 밀폐제를 써서 치아 표면에 브래킷을 고정한다. 접착 물질은 자외선을 비추기 전에는 굳지 않으므로 교정용 와이어를 설치하기 직전까지 브래킷의 위치를 조정할 수 있다.

처음 설치하는 교정용 와이어는 얇고 단면이 둥글며 유연하다. 그 뒤로 점점 단면이 네모나고 지름이 큰 와이어를 사용한다. 와이어를 끼우는 브래킷의 홈은 사각형이기 때문에, 단면이 네모난 와이어가 브래킷에 더 잘 들어맞고 강한 힘을 낸다.

교정기는 보통 2년 조금 넘게 부착하고 있어야 한다. 교정기를 제거한 뒤에는 치아를 고르게 유지하기 위해 보정기를 착용한다. 보정기는 치아가 바른 위치에 고정되고 그 주변에 뼈가 차오를 때까지 치아를 잡아 준다. 보정기는 약 3~6개월 정도 사용한다. 교정 전문의는 그 후에도 몇 달 정도는 자는 동안 착용할 것을 권한다.

미국인 중 약 450만 명이 교정기를 착용한다. 대부분 십 대지만, 성인도 20퍼센트나 된다. 어렸을 때 교정할 만큼 유복하지 못했거나, 혹은 가지런한 이나 예쁜 미소가 갖고 싶어서, 또 치과 의사의 추천으로 성인이 돼 교정을 하게 된 경우다.

## 008 우리 몸이 O형을 제외한 다른 혈액형을 거부하는 이유는?

정확히 얘기하면 수혈자의 신체가 아닌 혈액에 달린 사안이다. 혈액형은 적혈구 표면에 있는 항원에 따라 분류한다. 항원은 면역반응을 유도하는 물질로 우리의 면역 체계에서 특정 항체와 상호작용한다.

1900년대 호주의 의사 카를 란트슈타이너는 인간의 혈액을 네 가지 그룹으로 분류하는 데 기초를 마련했다. 그는 적혈구에 존재하는 두 개의 다른 항원을 발견해, 각각 A와 B로 명명했다.

우리는 ABO식 혈액형의 대립 유전자 한 쌍을 가지는데(같은 유전자의 다른 두 가지 형태를 가진다는 뜻이다), 생물학적 어머니로부터 하나를, 생물학적 아버지로부터 하나를 물려받는다. 혈액형은 A와 B 항원의 유무에 따라 A, B, AB, O형의 네 가지 타입으로 나뉜다. A형인 사람의 적혈구는 항원 A만 가지고 있고, B형인 사람의 적혈구는 항원 B만 가지고 있다. AB형인 사람은 두 항원을 다 가지고 있으며, O형은 둘 다 없다.

적혈구에는 또 다른 항원이 있는데, Rh 인자로 불린다. 이 항원은 붉은털원숭이(Rhesus monkey)를 이용한 실험을 통해 발견돼 Rh로 명명됐다. Rh 항원이 있는 사람은 Rh 양성으로, 없는 사람은 Rh 음성으로 구분한다. 혈액은행은 ABO와 Rh 요소를 기반으로 사람들의 혈액을 AB 음성 혹은 O 양성 등으로 분류한다.

적혈구 표면에는 다른 항원들도 존재한다. 그래서 적혈구 수혈이 필요한 환자에게는 항체 선별 검사를 시행해 이 외 적혈구 항원을 선별해 낸다.[1]

수혈을 받으면, 신체는 주입된 피가 '이물질'인지 '친숙한 물질'인지 구분한다. 혈액형이 O형인 사람은 O형 외에 다른 모든 혈액형을 거부하는데 신체가 A와 B 항원을 인지하지 못하기 때문이다. 항체가 낯선 혈액을 공격하는 면역반응은 적혈구를 파괴하거나 응고시켜서 환자를 사망에 이르게 한다. 하지만 A형이나 B형인 사람은 자신과 같은 혈액형이나 O형에게서 수혈받을 수 있고, AB형은 네 가지 혈액형에게서 모두 수혈받을 수 있다.

혈액형은 민족에 따라 다른 양상을 보인다. 하지만 전 세계적으로 봤을 때 O형은 인구의 45퍼센트를 차지하고, A형은 35퍼센트, B형은 15퍼센트, AB형은 5퍼센트 정도다. 만능 기부자로 불리는 O형은 ABO식 혈액형 분류의 모든 부류에 수혈할 수 있는 유일한 혈액형이다. 그래서 혈액은행도 O형의 피를 가장 많이 보유하고 있다. 또 병원에서 필요로 하는 혈액의 거의 절반이 O형이다. Rh 음성 혈액도 O형과 마찬가지로 Rh 양성이나 음성에 모두 피를 수혈해 줄 수 있지만, 수혈을 받을 때는 반드시 같은 Rh 음성 혈액이어야 한다.

1 적혈구 표면에는 ABO, Rh 외에도 Kell, Lewis, Kidd, Duffy 등의 적혈구 항원이 있기 때문에 수혈 전에는 반드시 관련 검사를 해야 한다. 만약 적절한 검사를 하지 않고 혈액을 수혈할 경우 수혈 부작용이 일어날 수 있다.

## 009 우리는 왜 눈물을 흘리는 것일까?

정말 공감되는 질문이다. 나는 조금 전까지 퇴직연금 관련 조항들을 읽고 있었다! 사실 눈물은 몸에 좋다. 눈을 깨끗하게 만들고, 윤활제 역할도 한다. 대부분 동물이 눈에 수분을 유지하는 구조를 갖추고 있지만, 포유동물 중 감정의 변화로 눈물을 흘리는 것은 인간뿐이다. 슬픈 감정을 느끼면 뇌 일부가 반응해 호르몬이 촉발된다. 슬픈 기분이 내분비계에 신호를 보내 눈물이 흐르게 하는 호르몬을 눈 주위로 보낸다.

아주 행복하거나 혹은 아주 슬프거나, 고통을 참거나 심한 스트레스를 받으면 감정이 격해진다. 이 격한 감정들은 성적표에서 F를 발견했을 때, 우체통에 있는 세금 고지서를 봤을 때, 실연을 당했을 때, 혹은 최루성 영화를 보거나 너무너무 기쁜 일이 있을 때도 나타난다. 또 감정과는 별개로, 눈에 먼지나 티끌이 들어가도 눈물이 나와 이물질을 씻어 낸다.

시력은 신이 우리에게 주신 가장 큰 선물 중 하나다. 그러니 시각과 눈이 어떻게 작동하는지에 대해 기본적으로 이해하고 이 놀라운 선물을 잘 관리하는 방법에 관심을 가져 보자.

눈물샘은 윗눈꺼풀 아래 있다. 눈물이 이 작은 관을 따라 안구에 분비되는 과정을 누루(눈물 분비)라고 한다. 눈물은 얇은 막을 형성해 눈을 덮는데, 막은 세 가지 층으로 구분된다. 안구를 덮는 가장 안쪽 층인 점액층은 뮤신이라는 단백질로 구성된다. 이것은 결막에서 분비되는 층으로 각막을 덮고, 물과 단백질로 이루어진 다음 층인 수성층이 고르게 퍼지도록 한다. 가장 바깥층인 지방층에는 유분이 있어 다른 층이 증발하는 걸 예방한다. 눈물막은 눈을 깜빡일 때마다 퍼져 눈의 수분을 유지하고 먼지 같은 이물질을 차단한다.

이렇게 나온 눈물은 위아래 눈꺼풀의 가장자리와 눈의 안쪽 구석이 맞닿은 곳에 있는 작은 구멍으로 빠져나간다. 그곳에서 누관(눈물 길)을 따라 비강으로 내려가 목구멍으로 빠져 삼켜진다. 하지만 눈물이 너무 많아지면 아래 눈꺼풀에서 넘쳐 뺨으로 흐르게 된다.

울 때 시야가 흐려지는 이유는 빛이 눈물의 모든 층을 통과해 망막에 전달되기 때문이다. 눈물이 우리가 보는 빛을 왜곡해 일어나는 현상이다.

우리 눈을 보호하는 눈물은 놀랍게도 꽤 다양한 방면에서 자신의 임무를 수행한다. 눈물은 약간의 염분이 있어 감염을 예방하기도 한다. 또 안구 표면을 위한 약간의 영양소와 산소도 가지고 있다. 무언가 눈에 들어가 성가시게 굴면, 눈에서 눈물이 쏟아져 나와 침입자를 쫓아낸다. 눈물은 우리가 자는 동안에도 생산된다.

간혹 눈물이 흐르는 기관에 문제가 생기기도 한다. 그중 흔한 증상이 안구건조증인데, 눈에 충분한 수분이 유지되지 않아 불편한 상태가 되는 것이다. 대개 인공눈물을 사용해 치료한다. 눈물이 나오는 지점이 막힐 때도 있는데, 이 증상은 눈을 감고 깨끗하고 따뜻한 젖은 수건을 눈 위에 올려 완화할 수 있다. 수건의 온기가 막힌 구멍을 열어 준다. 이 외에도 눈물 기관과 관련된 질병은 매우 다양하므로 문제가 있다면 의사에게 진단받기를 권한다.

의료 종사자들은 우는 게 신체 및 정신 건강에 이롭다고 말한다. 건강한 눈물은 몸과 마음을 맑게 해 준다.

## 010 소아 당뇨병이란 무엇이고, 어떻게 걸릴까?

소아 당뇨병으로 불렸던 1형 당뇨병은 만성적인 자가면역 질환으로, 췌장 랑게르한스섬(췌장 내부에 세포가 모여서 섬처럼 보이는 내분비조직)의 베타세포가 혈당을 조절하는 인슐린을 너무 적게 생산하는 현상이다. 인슐린이 부족하면 포도당이 몸속 세포에 들어가지 않고 혈액에 쌓이게 된다. 신체에서 포도당을 에너지로 사용하지 못하면, 혈중당이 높아도 배고픔을 느낀다. 그 외의 증상으로는 갈증, 소변량 증가, 체중 감소, 메스꺼움, 피로가 있다.

소아 당뇨병은 매년 7000명의 아이 중 1명꼴로 발생하는데, 정확한 원인은 밝혀지지 않았다. 유전적인 요소도 있지만, 추운 날씨와 바이러스 감염도 자가면역을 촉발하여 췌장에 있는 베타세포를 파괴하는 환경적 요인이 될 수 있다는 견해도 있다.

미국은 인구의 7퍼센트인 2100만 명이 당뇨를 앓고 있다. 이 중

5~10퍼센트가 1형 당뇨병이다. 나머지는 조금 덜 심각한, 성인형 당뇨병으로 불렸던 2형 당뇨병을 앓고 있다. 2형 당뇨병은 대체로 식이요법이나 체중 관리, 운동으로 조절할 수 있지만, 약을 먹거나 인슐린을 주사해야 이 만성질환을 효과적으로 통제할 수 있는 환자들도 많다. 최근에는 소아 비만이 급증하며 2형 당뇨를 진단받는 아이들의 수도 늘고 있다(예전에는 흔치 않았다). 그래서 이제는 당뇨를 소아, 성인으로 구분하는 게 무의미해졌다.

당뇨는 환자가 12시간 동안 금식한 상태에서 검사한 결과로 진단한다. 물, 차, 커피는 마셔도 되지만 우유나 설탕은 안 된다. 치료는 두 가지 형태가 있다. 인슐린을 주사해 혈당량을 조절하는 것과 지나치게 혈당이 높을 때에 발생하는 당뇨병성 케톤산증을 함께 치료하는 것이다. 당뇨병성 케톤산증은 혈당이 데시리터당 240밀리그램 이상인 상태에서 신체가 당이 아닌 다른 에너지원을 찾아 지방을 연료로 사용할 때 생긴다. 즉 지방이 케톤이라 불리는 산으로 분해되어 혈액과 소변에 쌓여서 산독증을 일으키는 상태를 말한다. 당뇨병성 케톤산증은 아주 위험해서 입원 치료를 받아야 하는 경우가 많다. 심장과 신장 질환, 망막증, 신경 장애를 유발하기도 한다.

당뇨의 장기적인 관리는 증상을 완화해 합병증으로 인한 시각 장애, 신장 질환, 발 혹은 다리의 절단 같은 상황을 예방하는 데 목적이 있다. 물론 궁극적인 목표는 인생을 가능한 편안히 오래 살도록 하는 것이다.

## 011 물을 지나치게 많이 마시면 익사할까?

세 아이의 엄마인 스물여덟 살의 제니퍼 스트레인지는 2007년 1월 12일 캘리포니아주 란초코르도바의 자택에서 숨진 채 발견됐다. 그녀는 라디오 방송국 KDND가 주최한 '쉬 참고 Wii 받기' 행사에 참가 중이었다. 물을 많이 마신 상태에서 소변을 가장 오래 참는 사람이 닌텐도 Wii를 받는 대회였다. 제니퍼는 단시간에 7.5리터의 물을 마셨다고 한다. 이 같은 수분 중독은 익사를 제외하면 물 많이 마시기 대회나 신입생 신고식, 마라톤, 철인 경기, 부모나 보모가 잘못된 방식으로 어린이를 훈육하는 상황 등에서 발생한다.

물을 너무 빨리, 많이 마시면 신체의 전해질 균형이 깨져 위험하다. 몸속 나트륨은 허용치의 범위가 매우 좁다. 혈액 속 나트륨이 지나치게 적어지는 현상을 저나트륨혈증이라고 하는데, 주로 과격한 신체 활동 후 전해질을 보충하지 않았을 때, 큰 화상을 입었을 때, 심각한 설사나 심부전을 겪을 때, 특정 약을 섭취할 때 발생한다. 전해질은 나트륨 외에도 칼륨, 염화물, 중탄산염을 적당히 포함하고 있어야 한다.

물은 입을 통해 몸에 들어와 소변, 땀, 수증기의 형태로 배출된다. 그런데 수분이 몸 밖으로 나가는 속도보다 유입되는 속도가 훨씬 빠르면 몸의 유동체가 묽어진다. 이때 신체는 세포의 안팎에 있는 전해질 농도를 유지하려 노력하는데, 삼투압으로 혈액의 전해질 농도(주로 나트륨과 마그네슘)가 세포의 전해질 농도보다 상대적으로 낮아짐으로써 세포가 부어오르게 된다. 만약 이런 현상이 뇌에서 일어나 뇌가 부어오르면 단단한 두개골에 막혀 압력이 올라간다. 이렇게 뇌가 두개골 내부에 갇혀 압박받는 상태가 되면 기능이 손상되는데, 두통이나 메스꺼움, 호흡곤란, 방향감각 상실, 근육 경련, 발작, 혼수상태 등의 증상이 나타나고 결국 사망에 이르게 된다.

지나친 물 섭취는 신장에도 큰 부담을 준다. 순환계가 많은 물을 여과하기 위해 장시간 쉬지 못하기 때문이다. 신장은 단순한 배관 파이프가 아니다. 신장은 물을 깨끗하게 여과하는데, 장시간에 걸친 소모적인 활동은 신장에 있는 특수한 모세혈관계인 사구체를 마모시킨다. 모세혈관 뭉치인 사구체는 혈액을 여과하는 첫 단계인데, 이곳이 손상되면 결국 신장 기능 악화가 이어진다.

신체는 우리에게 필요한 물의 양을 놀라울 정도로 잘 감지한다. 다이어트나 운동 습관, 환경 등 모든 요소가 영향을 끼친다. 평소 채소나 과일, 통곡물 시리얼 등 수분이 풍부한 음식을 먹으면 물을 많이 마실 필요가 없다. 염분이 많은 음식을 피하는 식습관도 수분 섭취의 필요를 낮춰 준다.

의사들은 목마를 때 다른 음료가 아닌 깨끗한 물을 갈증이 해소될 만큼 마시는 게 수분 섭취의 가장 좋은 방법이라고 말한다.

## 012 재채기할 때 정말 심장이 멈출까?

이 얘기는 그저 미신에 불과하다. 단지 심장이 멈춘다고 느껴질 뿐이다. 가슴에 과중한 압력이 가해지면 순간적으로 심박의 리듬이 바뀔 수는 있지만, 심장이 멈추는 건 아니다.

재채기는 신경 말단이 뭔가에 간지러움을 느껴 뇌에 신호를 전달하면, 뇌가 호흡기에 있는 이물질을 제거하기 위해 일으키는 현상이다. 재채기의 과정은 일단 숨을 깊게 들이쉬고, 가슴 근육이 경직되며, 눈은 감기고, 혀가 입천장을 향하는 것이다. 그리고 에취 하는 소리와 함께 공기가 입과 코를 통해 시속 160킬로미터(km/h) 정도의 속도로 뿜어져 나온다.

심장 박동은 오른심방 상부에 있는 동방결절이라는 작은 조직 뭉치에서 시작한다. 이 천연 심장 박동 조율기가 전기 충격을 왼심방과 오른심방에 내려보내 심실들이 1초에 한 번씩 심장을 뛰게 한다. 재채기가 심장의 리듬에 영향을 주거나 박동을 '한 번쯤' 건너뛰게 할 수는 있지만, 멈추게 하지는 못한다. 재채기는 그럴 능력이 없다!

영미권에서는 재채기한 사람에게 왜 "신의 가호가 있길" 혹은 "몸조심하세요"라고 말할까? (독일과 스페인에서도 비슷한 말을 한다.) 이 풍습의 기원은 몇 가지가 있다.

한때 일부 문화권에서는 재채기하면 영혼이 빠져나간다고 생각했다. 그리고 영혼이 빠져나간 육체에 괴물이나 악마가 깃들 수 있다고 여겨서, 이 나쁜 것들을 물리치기 위해 축복의 말을 건네게 되었다고 한다.

다른 가설은 선페스트가 중세 유럽을 휩쓸었을 때와 연관된다. 이 흑사병[2]은 재채기와 기침을 많이 하는 게 증상이었다. 그래서 교황 그레고리 7세가 "신의 가호가 있기를"이라는 축복의 말로 사람들을 죽음으로부터 보호하자고 제안했다고 한다.

어느 쪽이 맞든, 이런 말을 하는 것은 사람을 예의 바르게 만들어 주는 좋은 풍습이 아닐까?

## 013 왜 빙글빙글 돌면 구역질이 날까?

아이들은 제자리에서 빙글빙글 돌아 어지럼을 느껴 제대로 서지 못하고 비틀거리게 되는 상태를 즐기기도 한다. 이런 어지러운 증상은 놀이동산에서 아주 빠르게 도는 회전목마를 탈 때도 나타난다. 매우 재미있는 현상이다!

이 어지럼은 우리가 몸의 균형을 유지하는 핵심 기능들과 연관되어 있다. 사람이 넘어지지 않고 걷는 데에는 세 가지 메커니즘이 작용한다. 먼저, 균형을 잡는 데 가장 중요한 수단은 바로 우리의 시각이다.

---

2 흑사병에는 선페스트, 폐페스트, 피부페스트 등 세 가지 종류가 있다.

우리는 바닥이 평평한지 아니면 걸려 넘어질 만한 게 있는지 눈으로 보고 판단한다.

두 번째 수단은 전정기관, 즉 내이기관이다. 내이에는 반고리관이 세 개 있는데, 서로 직각을 이루고 있으며 림프액으로 가득 차 있다. 우리는 이 내이에 있는 전정신경을 균형을 잡는 데 이용함으로써 시각을 가려도 넘어지지 않을 수 있다. 이 안의 림프액은 신체가 빙글빙글 돌면 함께 회전한다. 그러다가 갑자기 멈추면 림프액만 계속 돌게 된다. 그러면 눈에서 전달되는 메시지와 내이 림프액이 보내는 메시지가 뇌에서 충돌해 어지럼을 느끼게 된다.

우리가 균형을 유지하는 세 번째 수단은 운동감각 혹은 고유 수용성 감각이다. 이 두 용어는 때로 같은 뜻으로 사용되지만, 사실 운동감각이 고유 수용성 감각보다 좀 더 한정적이다. 우리 몸은 근육이나 힘줄, 즉 고유감각기[3]에서 뇌로 전달하는 신호를 통해 몸의 자세와 움직임을 인지하기도 한다. 비행사들은 이를 '반사적인 직감'이라고 부른다.

어지럼을 느끼는 현기증은 병으로 발생하기도 하는데, 일부는 약의 부작용 때문에 나타나기도 한다. 미국인의 30퍼센트는 평생에 한 번 정도 구역질을 동반한 현기증으로 의사를 찾는다. 구역질은 뇌가 여러 가지 메시지로 혼란을 겪을 때 나타나는 증상이다.

일부 사람들, 특히 노인들은 어지럼으로 넘어져 심각한 골절상을 입

---

3 근육, 뼈의 표면, 내장을 둘러싼 근육조직 등 피하조직에 있는 감각수용기로, 주로 몸의 움직임과 체위를 느끼는 역할을 한다.

기도 하는데, 골다공증이 있는 사람이 넘어지면 고관절처럼 단단한 뼈가 부러지기도 한다. 노인들은 가만히 서 있다가도 갑자기 혈압이 떨어져 어지럼을 느끼기도 하니 조심해야 한다.

우주비행사 앨런 B. 셰퍼드는 내이의 문제로 발생하는 메니에르병에 걸린 뒤 심각한 어지럼증을 얻었다. 이 병은 내이에 내림프 수종이 생겨 발생한다. 메니에르병은 심각한 어지럼증이나 귀 울림, 청각 손실을 일으킨다. 셰퍼드는 균형감각을 잃어 가만히 서 있지 못할 정도로 병이 악화했지만, 결국 완치해 아폴로 14호에 탑승할 수 있었다. 그는 우주를 비행한 첫 미국인이자(1961년), 47세의 나이로 달 표면에 발을 디딘 최고령 우주비행사가 됐다(1971년).

현기증은 다발성 경화증이나 파킨슨병 같은 신경 문제와도 연관된다. 이는 한 개인의 자립이나 업무 능력, 삶의 질에 큰 영향을 끼친다. 일상의 우울과 무기력을 유발하기도 한다.

의사들은 어지럼의 원인은 정확히 분석하기 힘들다고 말한다. 정확한 분석을 하려면 MRI를 포함한 일련의 검사가 필요하다. 가장 흔한 진단은 말초성 전정기관 장애다. 이석[4]의 반고리관 자극부터 내이 질환까지 그 원인은 다양하다. 내이 질환이란 신체의 면역 시스템이 내이의 세포를 바이러스나 박테리아로 오인하는 자가면역 질환이다.

---

4 전정기관에서 떨어져 나와 내이의 반고리관을 돌아다니는 이동성 결석으로 어지럼증을 유발하는 원인이 된다.

## 014 사람의 뼈는 어떻게 부러지고, 어떻게 낫는 걸까?

우리의 뼈는 아주 경이롭다. MIT에서 뼈의 구조를 원자 단위로 분석했는데, 뼈는 콜라겐과 미네랄의 혼합물로 아주 단단하고 강하며 '믿음직한' 물질로 구성되어 있다. 몸의 골격을 이루는 뼈는 약간 구부러지기도 한다. 하지만 너무 심하게 구부리면 부러지는데 그게 바로 골절이다. 나무 연필을 떠올려 보자. 힘을 주면 아주 살짝 휘어지긴 하지만, 너무 심하게 구부리려 하면 부러지게 된다. 뼈도 마찬가지다.

사람들은 일반적으로 평생 한두 번 골절을 겪는데, 가장 흔한 부위는 빗장뼈다. 그다음으로 팔, 손목, 고관절, 발목이 5위권을 형성한다. 골절은 외부에서 가해진 힘으로 인해 뼈의 연속성이 완전하게 혹은 불완전하게 소실된 상태를 말한다.

뼈는 너무 큰 압력이나 충격이 가해지면 부러진다. 낙하 혹은 교통사고, 운동 중 부상이 흔한 원인이 되며, 이때 뼈는 마치 연필이나 나뭇가지처럼 부러지게 된다. 뼈는 자연 노화나 골다공증, 감염, 종양 등으로 내부가 약해져 부러지기도 한다.

뼈는 살아 있는 조직으로 질긴 탄력섬유, 미네랄, 골수, 혈관이 벌집처럼 엮여 있어, 지속적인 보수가 필요하다. 건강한 뼈는 밀도가 높고 빈틈이 적다. 나이 든 뼈는 보수 작업이 느려져 강도가 약해지며 밀도와 탄력도 떨어진다. 노인들이 흔히 겪는 골다공증은 뼈세포들이 늙은 뼈를 새롭고 건강한 뼈로 재생하지 못해 발생한다. 새로운 세포들이 생성되는 속도보다 오래된 세포들이 사라지는 속도가 빠르면, 뼈의 재생이 느려진다. 이 상황이 지속되면 뼈가 얇아지고 쉽게 부러지게 된다.

골절의 위험 요소로는 나이, 성별(여성), 낮은 골밀도, 골절 경험 등이 있다. 힘이 외부에서 일정 기간 반복적으로 가해져 신체가 버티지 못하고 골절이 일어나는 경우도 있다. 의사들은 이를 '피로골절'이라고 한다. 흔한 예로 육상 선수의 발목이나 고관절 골절을 들 수 있다.

하지만 다행히도 우리의 뼈에는 타고난 치유 능력이 있다. 뼈는 골절이 일어난 부위에 새로운 세포를 다량 생성한다. 이 세포들은 부러진 양 끝을 덮어 새롭고 더 강한 뼈를 만든다. 뼈는 혈액에서 미네랄과 단백질을 흡수해 스스로 치유한다. 가장 중요한 미네랄은 칼슘과 인으로, 부러진 뼈 부위를 붙이는 데 쓰인다. 의사들은 부러진 뼈가 굳기 전에 정확한 위치를 조정해 움직이지 않도록 깁스로 고정한다.

뼈 성장 자극기를 사용해 골절을 치료하는 방법도 있다. 이 장치는 신체에 착용하여 스스로 치유하기 힘든 위관절[5] 골절부에 사용한다. 전자기 혹은 초음파가 뼈의 성장을 촉진하는 원리이다.

골절은 다양한 종류가 있는데, 대개 엑스레이로 진단한다. 실금은 뼈에 금이 간 상태를 말한다. 완전골절은 뼈가 완전히 부러져 둘로 나뉜 상태다. 부전골절은 뼈의 일부분만 골절된 상태다. 분쇄골절은 뼈가 두 조각 이상으로 으스러진 걸 말한다. 개방골절은 부러진 뼈가 피부

---

5 골절부의 뼈가 잘 붙지 않아 마치 관절처럼 움직이는 상태를 말한다.

를 뚫고 나온 걸 말한다. 아이고!

부러진 뼈는 낫는 데 얼마나 걸릴까? 완치에 걸리는 정확한 시간은 골절의 종류와 환자의 나이, 건강, 영양 상태, 뼈에 흐르는 혈액에 달려 있다. 어린아이들은 낫는 데 3주가 걸리지만 십 대들은 같은 골절도 6주가 걸린다. 아이들은 십 대나 어른보다 뼈를 형성하는 물질이 빨리 생성되고 빨리 굳는다. 그렇다면 전 연령대 모든 사람의 치유력을 증진하는 요소에는 뭐가 있을까? 바로 좋은 영양 상태다. 모든 영양소가 포함된 균형 잡힌 식단이 가장 큰 도움이 된다. 다친 뼈를 치유하려면 온전한 뼈를 유지하는 것보다 더 많은 영양소가 필요하다.

뼈의 치유를 방해하는 가장 해로운 물질 중 하나는 흡연이다. 흡연자는 낫는 데 더 오랜 시간이 걸리고 뼈가 붙지 않는 위관절 상태가 될 확률도 높다. 흡연은 뼈가 낫는 데 필요한 영양소를 세포에 전달하는 혈액의 양에 영향을 준다.

일부 사람들은 칼슘제 섭취를 권하기도 하지만 여기에는 한계가 있다. 신체는 과다한 칼슘은 거부한다. 치료를 위해서는 의사가 세운 계획에 따르는 게 가장 효과적이다. 여기에는 휴식, 영양 공급, 완치 시간 등이 포함되며, 필요하다면 깁스나 목발, 수술, 핀 고정까지 포함된다.

평소 비타민D를 많이 섭취하면 뼈 건강에 좋다. 비타민D를 섭취하고 햇빛을 쬐면 칼슘의 흡수를 도와 뼈의 밀도가 높아지고 튼튼해진다.

만약 자신의 뼈가 마음에 들지 않는다면 참고 기다려 보자. 성인은 보통 약 10년 주기로 모든 뼈가 교체된다. 우리의 뼈에 있는 칼슘을 모두 바꾸는 데는 이렇게 많은 시간이 필요하다. 사실, 우리의 뼈는 평생 동안 새롭게 생성되고 조정된다. 이렇게 뼈가 재조성되면서(bone remodeling) 신체 변화에 따른 물리적 요구에 맞춰 몸의 구조가 수정되고, 새로운 뼈세포들이 생겨나 자잘한 손상이 치유된다.

## 015 추울 때 왜 닭살이 돋을까?

닭살은 체모를 잡고 있는 작은 근육들이 수축해 털을 곤두세우는 현상이다. 닭살이 돋는 가장 흔한 이유는 추위다. 우리 신체는 닭살 외에도 추위에 다양한 반응을 보인다. 추위가 극에 달하면 근육이 떨리며, 생성하는 열의 양을 3~4배까지 늘린다. 신체 중심부의 체온이 떨어지면 중추신경계가 팔다리로 향하는 혈액을 제한하고 이 중 일부를 내부 장기로 향하게 한다. 신체 말단은 창백해지고 파랗게 변하기까지 한다.

동물들도 추위에 대응하는 방법이 있다. 새들은 추운 날씨가 다가오면 깃털을 고르며 대비를 시작한다. 포유동물의 털은 길고 빽빽해지며, 계절을 따라 이동하는 동물들은 남쪽으로 떠난다. 동면하는 동물들도 있다. 몸집이 작은 동물일수록 단위 체적당 표면적 비율이 높아 큰 동물에 비해 열을 더 많이 잃는다. 그래서 극지방에는 몸집이 작은 동물이 별로 없다. 북극곰처럼 큰 동물은 다람쥐라면 살아남지 못했을 환경에서도 생존할 수 있다.

닭살은 화가 나거나 무서울 때도 생긴다. 손톱으로 칠판을 긁는 소리도 닭살을 돋게 한다. 끝내주는 음악을 듣거나, 유명한 사람 혹은 사랑하는 사람을 만나도 닭살이 돋는다. 누구나 한 번쯤 '음악이 소름 돋을 정도로 좋다'는 말을 들은 적이 있을 것이다. 캐나다의 학술지 《네이처 뉴로사이언스》에 발표된 논문에 따르면, 사람이 음악에 도취하면 도파민이 나온다고 한다. 일종의 보상 물질인 도파민은 몸을 '오싹하게' 하는 효과가 있어서, 심장 박동이 달라지고 호흡의 속도도 달라지며, 피부의 전기 전도도와 전기 저항도도 바뀐다.

## 016 손발톱은 왜 있을까?

손톱은 손가락의 살아 있는 피부세포에 의해 형성된다. 손톱판(조갑, 爪甲)은 눈에 보이는 손톱 부분을, 손톱바닥(조상, 爪床)은 그 아래 있는 피부를 말한다. 큐티클은 손톱뿌리(조근, 爪根) 가장자리를 둘러싸고 있는 조직이다. 손톱주름은 손톱의 삼면을 감싸고 지지하는 피부를 말한다. 조반월은 손톱이 시작하는 쪽에 있는 백색 반달 모양 부분이며, 손톱기질은 큐티클 아래 손톱에 숨겨진 기반이다.

손톱은 손톱기질(조모, 爪母)에서 자란다. 손톱은 피부와 모발을 이루는 경화 단백질인 케라틴으로 형성된다. 손톱기질에서 자란 새 세포

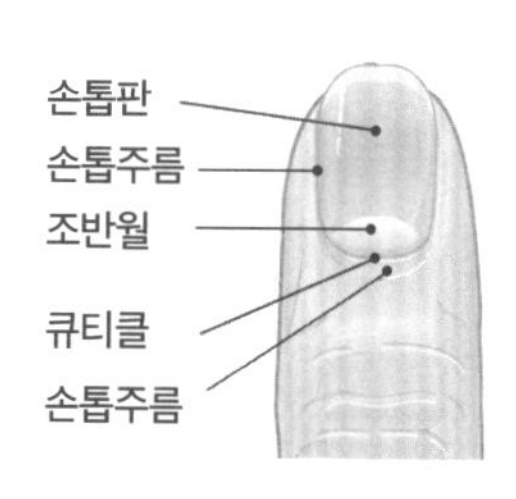


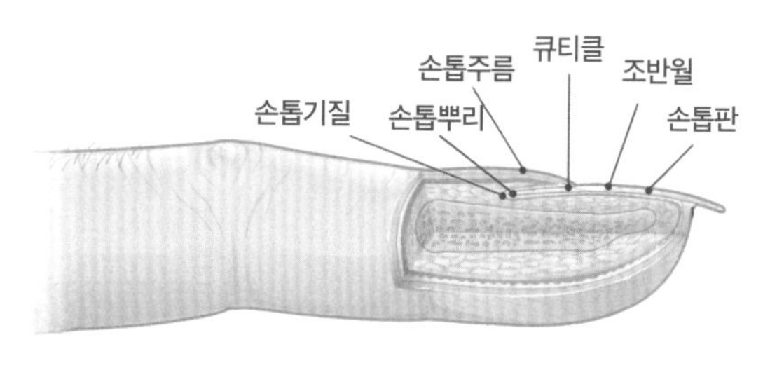


© OpenStax College

가 밀어낸 늙은 세포는 모양을 단단하게 유지한 채 앞으로 밀려난다.

손톱은 늘 자라고 있다. 손톱이 발톱보다 빨리 자라는데, 한 달에 약 3밀리미터 정도씩 길어진다. 뿌리부터 끝까지 전체가 자라는 데 여섯 달 정도 걸린다. 손톱이 자라는 속도는 나이가 들거나 혈액순환이 원활하지 못하면 느려진다. 개인의 운동 상태나 식단, 유전, 성별 그리고 나이에도 영향을 받는다. 신체가 햇빛에 노출되는 빈도가 높아 비타민 D가 더 많이 합성되는 여름에는 손톱이 더 빨리 자란다. 그리고 흔한 오해와는 달리, 손톱은 사람이 죽은 뒤에는 자라지 않는다. 단지 손톱 주변의 살과 피부가 쪼그라들어 손톱이 긴 것처럼 보일 뿐이다.

인간에게 손발톱이 있는 이유를 추정하는 가설은 여러 가지가 있는데, 억겁의 세월 동안 인간이 환경의 변화에 맞춰 진화한 흔적이라는 게 가장 흔히 통용된다. 손발톱은 인간과 영장류만의 특징이다. 어떤 이유로 생겼든 매우 유용하다. 손톱은 수많은 신경이 있어 아주 예민하다. 손끝을 보호하고 손으로 많은 일을 할 수 있게 도와주며 아주 놀라운 일도 해낼 수 있게 한다. 가려운 곳을 긁어 주고, 오렌지 같은 과일 껍질도 깔 수 있다. 끈이나 로프로 만든 매듭도 손톱이 있어야 풀 수 있다. 너트, 나사, 바늘, 콩, 연필 같은 작은 물체를 집어 올리는 데도 쓴다. 무언가를 잡고, 찢고, 뜯을 때도 유용하다. 손발톱이 빠져 본 사람은 그것이 우리에게 얼마나 소중한 존재인지 깨닫게 된다.

옛날 의사들은 손톱의 상태를 보고 환자의 병을 진단하기도 했다. 일부 심각한 병에 걸리면 손톱에 커다란 홈이 파이기도 한다. 또 손톱이 깨지거나 갈라지고 색이 변하거나 얇아지며, 흰 점이 생기는 경우도 있다. 손톱 가로 방향으로 가로지르는 하얀 미즈선(Mees' lines)은 비소나 탈륨 등 중금속에 중독됐을 때 나타난다. 미즈선은 항암화학요법을 받는 환자나 신장에 이상이 있는 사람에게도 나타난다.

## 017 사람은 무엇으로 이루어져 있을까?

사람이 무엇으로 이루어져 있는지 분석하는 방법에는 몇 가지가 있다. 우리는 우리 몸을 지방, 뼈, 근육의 총량으로 분류하기도 한다. 물의 비율로 따지는 방법도 있는데, 인간의 신체는 50~60퍼센트가 물로 이루어져 있다. 우리가 온혈동물인 건 천만다행이다. 그렇지 않았다면 얼어 죽었을 테니까!

더 근본적인 관점에서 보면, 인간도 다른 모든 물체와 마찬가지로 원자로 구성되어 있다. 원자들이 분자를 이루고, 분자들이 모여 화학물질이 된다. 물론 우리의 몸은 화학의 관점에서도 분석할 수 있다. 화학적 구성으로 보면 신체의 많은 부분이 탄소로 이루어져 있다. 탄소 62퍼센트, 질소 11퍼센트, 산소 10퍼센트, 수소 6퍼센트, 칼슘 5퍼센트, 인 3퍼센트, 칼륨 1퍼센트다. 모두 더하면 98퍼센트인데, 나머지 2퍼센트는 약 28가지 원소가 혼재해 있다.

우리의 몸을 지방을 기준으로 측정하는 방법도 있다. 미국국립보건원(NIH)에 따르면 건강한 성인 남성은 13~17퍼센트의 지방을 가지고 있다고 한다. 건강한 성인 여성은 20~25퍼센트의 지방을 가진다. 이상적인 근육의 양은 약 43퍼센트다.

효율성을 기준으로 삼기도 한다. 소비하는 에너지 대비 작업량으로 인간의 신체를 기계와 비교하는 방법이다. 실내 자전거로 실험한 결과 인간은 약 20퍼센트의 효율을 보였다. 가장 효율이 뛰어난 휘발유 엔진은 38퍼센트까지 나오기도 하지만 대부분의 엔진이 20퍼센트 언저리다. 인간의 신체는 일반적인 엔진만큼 성능이 좋은 셈이다.

## 018 심장은 어떻게 뛰는 걸까?

우리 몸속에서 피를 펌프질하는 심장은 근육으로 이루어진 주먹만

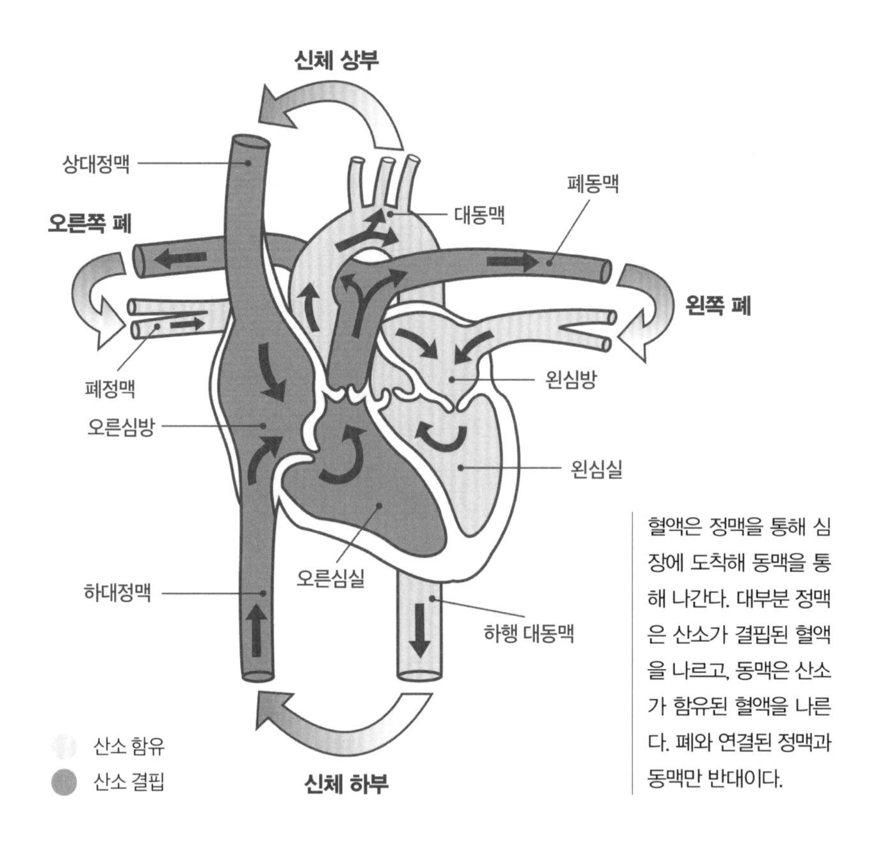


혈액은 정맥을 통해 심장에 도착해 동맥을 통해 나간다. 대부분 정맥은 산소가 결핍된 혈액을 나르고, 동맥은 산소가 함유된 혈액을 나른다. 폐와 연결된 정맥과 동맥만 반대이다.

한 크기의 장기로 아주 바쁘게 일한다. 1분에 약 5리터씩, 하루에 약 7000리터의 피를 온몸 구석구석으로 보낸다.

심장은 산소와 영양소를 함유한 혈액을 동맥을 통해 신체의 모든 곳으로 보낸다. 온몸을 순환한 혈액은 상대정맥과 하대정맥을 통해 산소와 영양소를 보충하기 위해 심장으로 돌아온다.

심장은 네 개의 방으로 나뉘어 있다. 위쪽 두 개는 심방, 아래 두 개는 심실로 불린다. 오른심방과 심실은 혈액을 폐로 보내고, 왼심방과 심실은 나머지 신체로 보낸다. 각각의 방들에는 피가 역류하지 못하고 한쪽으로만 흐르게 하는 판막이 있다. 위에 있는 두 개의 심방은 혈액을 받는 역할을 한다. 오른심방은 상대정맥을 통해 몸의 위쪽 혈액을, 하대정맥을 통해 몸의 아래쪽 혈액을 받는다. 왼심방은 폐에서 오는 혈액을 받는다.

아래 두 심실은 펌프 역할을 하는데, 오른쪽은 피를 폐로 보내고 왼쪽은 기타 장기와 조직으로 보낸다. 왼심실은 심장이 하는 일의 80퍼센트를 담당한다.

심방과 심실은 함께 일하는데, 번갈아 가며 수축과 이완을 반복한다. 심장 박동은 오른심방에 있는 동방결절이 보내는 전기자극으로 촉발된다. 이 전기 신호는 신경섬유를 통해 양 심방에 전달된다. 신호를 받은 심방이 수축하면 혈액이 심실로 흘러간다. 양 심방의 신호는 각 심실로 향하고, 심실이 수축해 혈액을 신체의 모든 부위로 보낸다.

우리는 심장 없이는 한순간도 살 수 없으므로, 아주 소중하게 관리해야 한다. 심장 건강에는 지방이 적고, 소금과 설탕이 적게 들어간 식단이 좋다. 몸무게를 재는 건 언제나 쉽지 않지만, 아주 중요한 일이다. 과체중이나 비만은 심장 질환의 가능성을 높이는데, 미국에서 매년 60만 명에 이르는 사람들이 심장 질환으로 사망한다.

호흡과 심장 박동이 빨라지는 유산소운동도 꾸준히 해야 한다. 이런 운동에는 걷기, 조깅, 자전거 타기, 수영 등이 있다. 건강한 심장은 유전적으로 타고나기도 한다. 만약 당신이 '좋은 심장 유전자'를 가졌다면 감사하는 마음을 갖도록.

## 019 혈관 속 피는 왜 파랗게 보일까?

나는 어렸을 적 친구들과 이 문제를 놓고 논쟁을 벌였다. 그래서 합의된 결론은, 피는 몸속에 있을 때는 파랗지만 공기와 닿으면서 붉게 변한다는 거였다. 물론, 우리가 내놓은 답이 맞은 적은 거의 없다.

우리의 피는 절대 파랗지 않다. 혈액은 산소와 이산화탄소의 함량에 따라 붉은색 혹은 검붉은 색을 띤다. 철 원자를 함유한 헤모글로빈이 붉은색을 낸다는 사실은 앞서 이미 언급했었다. 폐에는 산소가 풍부한데, 산소는 헤모글로빈과 결합한다. 그래서 폐에서 폐정맥으로 나오는 피는 다량의 산소를 함유한 붉은색을 띠고 심장으로 돌아가게 된다. 앞서 말했듯 폐정맥은 산소화된 혈액이 지나는 유일한 정맥이다. 심장은 이 붉은 혈액을 동맥을 통해 내보내 신체 곳곳의 장기와 조직, 근육에 산소를 공급한다.

정맥을 통해 돌아오는 혈액은 산소 대신 이산화탄소를 가지고 있어 검붉은 색을 띤다. 우리가 보는 정맥이 푸르스름한 이유는 이 검붉은 색이 혈관과 피부에 흡수되기 때문이다. 보통 푸른색은 흡수되지 않고 투과하여 나타난다. 이것은 정맥에만 일어나는 현상으로, 동맥혈은 피부를 투과해 볼 수 없다. 정맥을 둘러싼 근육 벽은 상대적으로 얇지만, 동맥에는 훨씬 두꺼운 벽이 있다.

이 '피부 흡수 현상'은 과학 시간에 유리 튜브 실험으로 학생들에게 직접 보여 주기도 한다. 빨간 색소를 채운 '혈관' 튜브의 양쪽을 찰흙으로 막고 유리 쟁반에 올린 다음 그 위로 우유를 천천히 붓는다. 유리 튜브가 우유에 잠기면 '혈관'의 붉은색이 점점 푸르스름하게 보인다. 우유가 '혈관' 튜브로부터 나오는 파장이 긴 붉은빛을 흡수해 일어나는 현상이다. 파장이 짧은 푸른빛은 우유를 통과하기 때문에 '혈관' 튜브가 파랗게 보이는 것이다.

## 020 수두는 왜 아이보다 어른에게 치명적일까?

수두는 수두대상포진 바이러스로 발병한다. 전염성이 높으며, 직접적인 접촉이나 기침, 재채기로 퍼진다. 잠복기는 10일에서 3주다. 백신이 널리 사용되기 시작한 1995년 전에 유년기를 보낸 사람들은 수두에 걸리면 피부에 붉고 가려운 발진과 수포가 난다는 사실을 겪어 봐서 알고 있다. 하지만 어렸을 때 수두에 걸리면 평생 면역을 얻게 된다.

처치 방법으로 찬 물수건을 올리거나, 소염 효과가 있는 칼라민 로션을 바르거나, 타이레놀 같은 아세트아미노펜이 함유된 진통 해열제를 먹기도 한다. 하지만 아스피린은 피해야 한다. 라이 증후군[6]같은 심

---

6 Reye's syndrome. 어린이에게 발병하는 급성뇌염증으로, 독감이나 수두 등 바이러스성 질환에 걸린 어린이에게만 일어나는 드문 병이다.

각한 병을 유발해 뇌와 간을 포함한 장기에 치명적인 영향을 줄 수 있다. 소염진통제 애드빌에 포함된 성분인 이부프로펜도 심각한 부작용을 초래할 수 있으니 삼가야 한다.

수두 백신을 맞히면 아이들을 수두 바이러스로부터 보호할 수 있다. 백신이 수두에 걸릴 확률을 낮춰 주며, 만약 걸리더라도 가볍게 극복하게 해 준다.

아이들은 유아원이나 유치원에 다니기 전에 대부분 예방접종을 받는다. 대개 12~18개월에 맞고, 유치원에 다니기 전에 한 번 더 맞는다. 수두 예방접종을 받지 않은 아이는 어른이 돼서 수두에 걸릴 확률이 높은데, 어른이 되어 수두에 감염되면 어렸을 때보다 더 힘들다. 수두는 대체로 어른이 더 심하게 앓는 경향이 있다. 메이요 클리닉 산하 인간면역결핍 바이러스(HIV) 클리닉 소장 스테이시 리자는 "아이만큼 면역 체계가 어리지 않고 대항할 준비가 돼 있지 않은 어른의 면역 체계 때문에 증상이 더 심하게 나타나며 더 아프다"[7]라고 말한다. 성인의 경우 수두에 걸리면 폐렴의 위험성도 높아진다. 또한 성인은 수두 예방접종도 주사 두 방을 맞아야 한다.

대상포진은 수두를 일으키는 수두대상포진 바이러스가 2차로 발현되어 발병한다. 매우 안 좋은 소식이다. 이렇게 수두가 휩쓸고 간 뒤, 지독한 바이러스가 척수와 신경절의 신경세포 사이에 숨기도 한다. 신

---

7 어린이의 면역 체계에서는 식세포가 중요한 역할을 하지만 성인의 면역 체계는 항체에 의존하기 때문에, 수두 바이러스의 침략에 대항하는 데 더 어려움을 겪는다는 의미이다.

경절은 생물학적 조직 덩어리인데, 흔히 신경세포가 뭉쳐 형성된다.

이 바이러스는 몸속에서 완전히 사라지지 않기 때문에 몇 년 동안 잠복하기도 한다. 그러다가 왜 갑자기 다시 활발히 활동하는지는 의사들도 정확히 알지 못한다. 병, 스트레스, 면역 체계의 약화가 이 바이러스를 다시 활동하게끔 만들 수 있다. 바이러스는 신경을 따라 피부로 이동해 대상포진을 일으킨다. 증상은 타는 듯한 통증과 피부과민, 발진, 물집 등이다. 물집은 터져 줄줄 흐르게 된다. 이 모든 과정은 3~4주 이상 진행된다. 조비락스, 팜비어, 발트렉스 등의 항바이러스성 약이 치료에 사용된다.

## 021 왜 머리를 다치면 기억상실증에 걸릴까?

기억에도 종류가 있다. 단기기억과 장기기억으로, 우리의 뇌는 이 기억들을 서로 다른 곳에 저장한다. 단기기억은 몇 분 동안 사용하기에 적합하다. 누군가 당신에게 전화번호를 알려 주면, 당신의 뇌는 그 정보를 단기기억으로 저장한다. 이런 정보는 대부분 한 시간 정도 지나면 까먹는다. 단기기억 정보를 저장하는 저장소는 시간과 용량에 제한이 있다. 장기기억이란 1년, 5년, 10년 혹은 평생 저장하는 기억을 말한다. 단기기억이 자주 활성화되면 장기기억이 된다. 대부분의 사람들이 주민등록번호를 절대 까먹지 않는 이유다. 필요할 때마다 말하거나 적어서 충분히 자주 '활성화'하기 때문이다.

뇌의 해마는 단기기억 정보를 장기기억으로 이동시키는 중요한 역할을 한다. 일부 과학자들에 따르면, 장기기억 정보는 뇌 전체에 퍼져 있는 안정적이고 영구적인 신경망 덕분에 유지된다고 한다. 수면의 주요 기능 중 하나는 정보를 정리하는 일이다. 해마가 그날의 정보를 복기하고 빠르게 장기기억으로 전환한다.

머리를 심하게 다친 사람은 흔히 특정 기억을 잃거나 새로운 정보를 저장하지 못하는 등의 기억상실을 겪게 된다. 하지만 장기기억은 멀쩡하다. 환자들은 의사에게 "10년 전 일은 생생하게 기억이 나는데 10분 전 일은 아무것도 기억이 안 나요"라고 말한다.

뇌를 다친 사람들은 때로 사고 직전, 직후의 일을 기억하지 못한다. 이 단기적 손실은 뇌가 부어올라 두개골 안쪽에 눌리며 일어나는 현상이다. 기억은 대개 뇌의 부기가 빠지면 되돌아온다.

그런데 왜 이런 부상들이 단기기억에만 영향을 미칠까? 이는 뇌가 정보를 처리하는 방법과 연관된다. 우리가 접한 정보들은 먼저 분류 과정을 거친다. 마치 우체국에서 우편물을 분류하는 것과 같다. 뇌를 다치면 이런 과정을 처리하는 영역이 부어올라 눌리게 되고, 뇌로 들어온 거대한 정보와 감각 데이터들이 그대로 방치된다. 뇌의 우체국이 제 기능을 하지 못하기 때문에 정보들이 올바른 곳으로 전달되지 못한다.

뇌는 또 다른 기억 문제도 겪는다. 한번 정보를 저장하면 그것을 꺼

낼 수 있어야 하는데, 간혹 저장된 정보를 찾지 못하는 문제가 발생한다. 모두가 흔히 겪는 문제지만 뇌를 다친 사람에게 더 심각하게 나타난다. 길거리에서 우연히 누군가를 만났는데 이름이 기억나지 않을 때가 있다. 몇 분, 혹은 몇 시간 뒤에서야 떠오른다. 우리의 뇌가 그 작은 정보를 찾으려 노력한 결과다. 뇌를 다친 사람들은 정보가 영원히 손상돼서 기억을 떠올리는 데 어려움을 겪거나 아예 찾지 못하기도 한다.

자동차, 오토바이, 자전거 사고로 인해, 심지어 집 앞에서 넘어지는 바람에 뇌를 다치기도 한다. 최근에는 이라크와 아프가니스탄에서 복무한 군인들이 사제폭탄 때문에 머리를 다치기도 했다. 미식축구 선수들도 뇌를 많이 다친다. 시합 중 서로 머리를 많이 부딪치기 때문에 뇌진탕, 착란, 졸림, 메스꺼움, 방향감각 상실, 운동기능 장애, 불분명한 발음, 장기적인 후유증까지 일어난다. 미국 프로미식축구리그(NFL)는 이 현상을 조사하고 있다. 고등학교와 대학교의 어린 선수들이 뇌 손상을 입을 가능성에 대해 깊은 우려가 있는 것이 사실이다.

비교적 최근의 연구에서 세 번째 종류의 기억이 발견됐다. 뇌 안에서 일어나는 즉시기억이다. 이 용어는 단기기억을 포괄하는데, 두 기억 사이에 겹치는 부분이 존재한다.

대부분의 학자들은 인간의 뇌를 연구하는 학문은 아직 유아기 단계에 머물러 있다고 말한다. 매우 흥미로운 영역이지만 아직 배워야 할 부분이 많다는 얘기다.

2장

# 우리 몸의 신비를 좀 더 풀어 보자

## 022 인간의 몸에는 얼마나 많은 기관이 있을까?

우리 몸에는 열한 개의 주요 기관과 수많은 작은 기관이 있다. 사실 보는 관점에 따라 기관을 구분하는 기준이 달라서 정확한 숫자는 말하기 힘들다. 인대와 힘줄은 기관일까? 기관으로 구분할지 큰 기관의 부분으로 봐야 할지 결정하기 쉽지 않다.

기관이란 한 가지 목적을 위해 함께 일하는 세포조직이 모여 만든 구조체다. 의학 사전에서도 기관을 신체에서 하나 이상의 특정 목적을 수행하는, 상대적으로 독립된 부분이라고 정의하고 있다.

주요 기관에는 뇌, 심장, 양쪽 폐, 간, 양쪽 신장, 위, 대장, 소장, 피부가 있다. 피부는 가장 큰 기관으로 몸무게의 약 15퍼센트를 차지한다. 피부는 그 아래 있는 모든 것을 보호한다. 신체에 가해지는 모든 위험을 알리고 충격을 흡수한다. 우리의 피부는 최전방에서 질병과 기생충을 막는 장벽과도 같은 존재다.

가장 큰 내부 장기는 간이다. 1.6킬로그램 정도로 가장 무겁기도 하다. 간은 혈액에 함유된 대부분의 화학 성분 수치를 조절하고, 담즙을 배출해 지방을 분해한다. 가장 길고 단단한 뼈는 넙다리뼈로 허벅지에 있는 다리뼈다. 가장 길고 강한 동맥은 대동맥으로 심장 위로 연결돼 산소가 함유된 혈액을 온몸으로 내보낸다. 가장 긴 정맥은 하대정맥으로 신체 하단부에서 심장으로 돌아오는 혈액이 지나는 길이다.

생물학 및 해부학을 공부하는 학생들은 시험에 나오는 내용을 오래 기억하기 위해 연상법을 활용한다. 예를 들어, 그림 엔드(GRIM END)는 생명의 일곱 가지 특징을 말한다. 즉, 성장(Growth), 번식(Reproduction), 자극감수성(Irritability), 이동(Movement), 배설(Excretion), 영양(Nutrition), 죽음(Death)의 알파벳 첫 글자를 딴 것이다. 그렌 부인(MRS GREN)은 살아 있는 모든 동물이 가지고 있는 특징을 말한다. 이동(Movement), 번식(Reproduction), 민감성(Sensitivity), 성장(Growth), 호흡(Respiration), 배설(Excretion), 영양(Nutrition)이다.

'오늘 내 사과를 땄어(I Picked My Apples Today)'는 체내 모든 기관에 있는 세포가 분열하는 과정을 떠올리게 하는 연상 기억에 사용되는 문장이다. 이것은 휴지기(Interphase), 전기(Prophase), 중기(Metaphase), 후기(Anaphase), 말기(Telophase)의 첫 글자를 쉽게 기억하도록 돕는다.

## 023 딸꾹질은 왜 하며, 어떻게 멈출 수 있을까?

사람들은 대개 딸꾹질을 멈추는 방법에만 관심이 있다. 딸꾹질은 본인의 의지와는 상관없는 횡격막의 움직임, 즉 경련으로 성대가 빠르게 닫히며 소리를 내는 것이다. 일종의 근육 경련이다. 횡격막은 가슴 아래 있는 얇은 돔 형태의 근육으로, 가슴에 있는 장기(심장과 폐)와 복부에 있는 장기(위, 간, 비장, 췌장, 담낭, 장)를 나누고 있다. 숨을 들이쉬면 횡격막이 내려가 폐로 공기가 들어온다. 숨을 내쉬면 횡격막이 폐의 공기가 빠져나가게 돕는다. 늑골 사이에 있는 늑간근도 호흡에 약간 관여하는데, 역시 딸꾹질에 영향을 받는다. 이 근육은 우리가 호흡하고, 말하고, 노래하고, 기침하는 것과 연관되어 있다.

횡격막은 자극을 받으면 희한한 짓을 저지른다. 제멋대로 내려가 목으로 갑자기 공기가 들어오게 한다. 그러면 밀려든 공기가 후두를 때려, 우리가 알고 있는 딸꾹질 소리를 낸다. 딸꾹질의 이유는 상황마다 다르지만, 공통점은 횡격막이 자극을 받았다는 사실이다. 이 현상은 음식을 너무 많이, 혹은 너무 빨리 먹어도 일어난다. 아주 뜨겁거나 아주 차가운 음료를 마실 때도 생길 수 있다. 너무 차가운 물로 샤워하거나, 방이 덥거나 추워도, 너무 놀라거나 갑자기 스트레스를 받는 것도 딸꾹질의 원인이 된다. 매운 음식을 먹거나, 술을 마시거나, 갑자기 숨을 몰아쉬거나, 재채기 혹은 기침을 하거나, 웃는 것도 딸꾹질을 유발할 수 있다. 가끔, 아니 종종 딸꾹질은 아무 이유 없이 일어나기도 한다. 간혹 임신한 여성은 몸속에 있는 태아 때문에 딸꾹질을 겪기도 한다!

딸꾹질은 좀 성가실 뿐 건강에 큰 문제를 일으키지는 않는다. 대개 몇 분 뒤면 자연히 사라진다. 원인이 많은 만큼 사람들이 이를 멈추기 위해 사용하는 방법도 다양한데, 가장 흔한 방법은 물을 마시는 것이다. 숨을 참고 팔을 위로 뻗어 횡격막을 펴는 것도 흔히 시도하는 방법이다. 다른 무엇보다도 혈액 내 이산화탄소를 증가시켜야 딸꾹질을 멈

출 수 있다.[8]

알파벳을 거꾸로 외우거나 그림을 집중해서 그리는 등 딸꾹질로부터 주의를 분산하는 일도 가끔 효과가 있다. 티스푼 반 정도 양의 설탕이나 꿀의 섭취도 마찬가지다. 뇌에서 위(胃)까지 뻗어 있는 미주신경을 자극하면 딸꾹질을 완화할 수 있다. 누군가 갑자기 겁주거나 놀라게 하는 일도 효과가 있다. 어떤 사람은 혀를 당기기도 한다.

아이들은 십 대 후반이 되면 딸꾹질을 덜 하게 된다. 가끔 하긴 하지만, 나이가 들고 성숙하면 그 빈도가 줄어든다.

정도가 너무 심하면 의사에게 가야 한다. 의사들은 딸꾹질을 멈추기 위해 근육이완제, 진정제, 혹은 진경제(경련을 가라앉히는 약)를 처방한다.

## 024 인종에 따라 피부색이 다른 이유는 무엇일까?

피부색은 피부 바깥쪽 표피에 위치한 멜라닌 세포가 생성한 멜라닌 색소로 결정된다. 멜라닌은 자외선 복사를 막아 일광 화상 및 악성 흑

8 딸꾹질은 횡격막의 갑작스런 수축과 관련이 있는데, 혈액 내 이산화탄소 농도가 증가하면 횡격막이 이완되어 딸꾹질을 멈추는 데 도움이 된다고 한다.

색종(피부암)을 예방하는 역할을 한다.

피부색의 진화에 관한 가설은 몇 가지가 있다. 먼저, 적도 인근에 사는 사람들은 비타민D 수치를 조절하기 위해 피부가 검게 변했다는 게 오래된 가설이다. 비타민D는 몸에 지나치게 많이 생기면 독성을 띠는데, 멜라닌이 많아 피부색이 어두운 경우에는 비타민D의 과다 합성을 피할 수 있다. 그래서 자외선이 약한 곳일수록 사람들의 피부색이 밝다. 하지만 이 가설을 비판하는 사람들은 자연 상태에서 그 정도로 많은 비타민D를 합성하는 것은 불가능하다고 말한다.

인간은 피부로 침투하는 자외선을 활용해 비타민D를 만든다. 비타민D가 있어야 우리 몸이 장내 음식물에서 칼슘과 인을 흡수해 뼈에 저장할 수 있다. 비타민D가 결핍되면 아이들은 구루병에 걸릴 수 있고, 어른들은 골다공증에 걸릴 수 있다. 북위 50도 이상 혹은 남위 50도 이하인 지역에 사는 사람들은 비타민D가 결핍될 확률이 높다. 온대 혹은 극지방에서 오래전부터 사람들이 살 수 있었던 것은 비타민D가 풍부한 생선을 섭취할 수 있었기 때문이다.

피부색의 차이가 태양 자외선이 체내 엽산 농도에 미치는 영향과 연관되어 있다고 주장하는 이론도 있다. 엽산은 비타민B의 일종인데, 강한 햇빛을 한 시간 정도 받으면 피부가 밝은 사람은 체내의 엽산 수치가 반 정도로 떨어진다. 열대지방 사람들은 햇빛을 막아 엽산 수치를 유지할 수 있도록 어두운 피부가 되었다. 반면 극북이나 극남 지역에 사는 사람들은 더 많은 자외선을 흡수하여 필요한 비타민D를 합성할 수 있도록 밝은 피부색으로 진화했다. 하지만 많은 양의 엽산을 식품으로 보충해야 한다.

엽산 수치가 낮으면 이분척추[9] 같은 신경관 질환이 생길 수 있다. 따라서 임신 초기 단계의 여성들은 태닝 기계에 들어가는 일은 피해야 한다. 가임기 여성들은 임신 전부터 엽산이 풍부한 음식을 먹는 게 좋다.

## 025 음치는 왜 생기는 걸까?

음치는 전문용어로 '실음악증(amusia)'이라고 하며, 스무 명 중 한 명꼴로 나타난다. 음치는 음을 구분하는 능력이 없는 사람을 말한다. 정확히 말하자면 '음정', '음의 높이', '진동수'는 모두 같은 말로, 초당 진동하는 횟수를 의미한다. 진동수가 달라지면 음파가 달라지고, 음의 높이를 다르게 느끼게 된다. 사실, 음을 정확히 듣는 것과 노래를 잘하는 것은 아무 상관이 없다. 어떤 사람은 노래는 못하지만 음악은 제대로 듣는다. 하지만 음악의 박자를 맞추지 못하거나(혹은 리듬감이 부족하거나), 일반적인 노래들을 구분하지 못한다면 음치일 가능성이 있다.

이 주제에 관한 아주 흥미로운 논문이 나온 적이 있다. 뇌 영상 신기술을 활용해 우측 전두엽과 우측 측두엽을 연결하고 있는, 신경섬유로

---

9 척추 이분증이라고도 한다. 척추 일부의 불완전한 융합으로 인해 방광 조절, 보행 등에 어려움을 겪는 신경관 질환으로 선천성 기형이다. 미국의 경우 신생아 1000명당 한두 명에게서 발생한다.

이루어진 백질의 밀도를 측정했다. 우측 전두엽은 고차원적인 생각이 일어나는 곳이며, 우측 측두엽은 소리를 처리하는 장소다. 음치인 사람들은 뇌의 두 부분을 연결하는 백질이 얇았다. 이 연구는 직접적인 상관관계를 밝혀냈는데, 백질이 얇을수록 더 심각한 음치였다. 정상인들의 신경이 고속도로라면, 음치들은 비포장도로인 셈이다!

일부 연구자들은 뇌가 음악을 다루는 방법과 언어를 다루는 방법에 부분적으로 일치하는 점이 있다고 생각한다. 음악은 뇌의 모든 부분이 관여한다는 것이다. 반대로 음악은 뇌의 특정 영역에서 분리해 다룬다고 여기는 학자들도 있다. 하지만 많은 과학자들이 음치는 유전 요소에 상당한 영향을 받는다고 공통적으로 말한다.

자신이 음치라고 해서 너무 실망할 것은 없다. 찰스 다윈, 그랜트 장군, 시어도어 루스벨트, 윌리엄 버틀러 예이츠, 이들은 모두 음치였다. 음치들도 엄청난 업적을 달성할 수 있다!

## 026 사람의 털은 무엇으로 만들어졌을까?

사람의 털은 뼈, 손톱, 개와 고양이의 발톱, 소와 말의 발굽, 새의 깃털을 이루는 요소와 같은 요소로 이루어져 있다. 바로 케라틴이라는

단백질이다. 털은 모낭으로 불리는 피부의 작은 구멍에서 자란다. 어떤 종류의 케라틴은 긴 단백질 사슬로 구성되는데, 사슬들이 얽혀 꼬여 있는 전화선 같은 모양을 하고 있다.

케라틴은 두 개의 노벨상 수상자인 라이너스 폴링이 처음 언급했다. 그는 양자물리학을 화학 결합에 적용해 노벨 화학상을 받았고, 핵무기 확산에 반대해 노벨 평화상을 받았다.

사람은 입술, 손바닥, 발바닥을 제외하고 몸 전체에 털이 난다. 성인은 약 500만 개의 털을 가지고 있다. 고릴라와 비슷한 수치인데, 다행히도 인간의 털은 얇고 짧아서 눈에 잘 보이지 않는다. 고릴라는 단지 두껍고 긴 털을 가졌을 뿐이다. 체모는 체온 유지에 도움을 준다. 한기를 느끼면 닭살이 돋는데, 모공 주변의 근육이 털을 당겨 곤두서게 한다.

완전히 검증되지 않은 이야기지만, 모발은 하루에 80개 정도 빠진다고 한다. 하지만 걱정할 필요는 없다. 두피에는 10만 개 정도의 모공이 있으니, 여전히 많이 남은 셈이다.

어떤 사람은 직모가, 어떤 사람은 곱슬머리가 난다. 이 차이는 모발이 자라는 모공의 형태에 달려 있다. 직모는 둥근 모공에서 난다. 곱슬머리는 타원형의 모공에서 난다. 모발이 나오는 구멍이 둥글지 않고 타원형이라 머리카락이 자라며 구부러지게 된다.

모발의 색은 피부색을 결정하는 화학 색소와 같은 요소로 결정된다. 바로 멜라닌이다. 하얀 머리카락에는 멜라닌이 없다. 멜라닌이 많으면 검은색 머리가 된다. 그보다 멜라닌이 적으면 금색, 빨간색, 갈색 머리가 된다.

나는 최근 이발소에서 머리를 자르며, 떨어지는 내 머리카락을 살펴

본 적이 있다. 여전히 갈색이나 어두운 갈색 모발들이 많았지만, 슬프게도 그 안에 분명 회색빛으로 센 모발들이 있었다!

## 027 우리는 왜 나이를 먹을까?

모든 것은 낡기 마련이고, 우리의 신체도 예외는 아니다. 노화는 자연적인 현상으로 질병은 아니다. 노화에는 두 가지 요인이 있는데, 그것은 자연(유전적 영향)과 환경이다.

이 중 노화에 크게 영향을 주는 것은 유전적 요소다. 많은 과학자들의 말에 따르면, 우리는 100년 이하로 살고 죽도록 유전적으로 설계돼 있다고 한다. 세포들은 각각 수명이 다르다. 위세포는 약 이틀, 적혈구는 120일, 뼈세포는 30년간 지속된다. 일부 뇌세포는 수명이 평생이다. 물론 이 세포들이 죽은 뒤 새로운 세포가 생성되지만, 전체 유기체는 일정한 수명을 가진다. 아무리 관리를 잘하더라도 신체는 낡고 기능을 멈추며 결국 죽게 된다.

노화의 다른 요소인 환경은 우리 DNA에 변화를 누적시켜 변이를 일으킨다. 이런 일은 대사기능의 손실로 이어져 근육과 피부가 천천히 재생 능력을 잃게 한다.

다행스러운 사실은 노화를 어느 정도 통제할 수 있다는 것이다. 좋은 식단, 적당한 음주, 금연, 자외선 과다 노출 차단, 운동 등은 모두 노화를 늦춰 준다.

다른 생명체나 물체의 수명은 어느 정도일까? 세쿼이아나무는 2500년을 산다. 쥐는 대개 4년도 채 살지 못한다. 파리의 수명은 25일 정도다. 연필 한 자루는 4만 5000에서 5만 개 정도의 단어를 쓸 때까지 사용할 수 있고, 1달러 지폐는 18개월 정도 유통된다.

미국의 경우 평균적으로 남자는 약 75세, 여자는 약 79세까지 산다. 가장 흔한 사망 원인은 심장 질환과 암이다. 셋 중 한 명은 심장 질환으로, 넷 중 한 명은 암으로 세상을 떠난다. 과거와 달리 소아마비, 장티푸스, 천연두, 디프테리아 같은 무서운 질병들이 많이 정복된 현재, 15~24세 사이 인구 사망의 가장 큰 원인은 사고이다.

일부 과학자들은 인간이 언젠가 영생의 비밀을 풀어낼 것이라 말한다. 하지만 우리는 정말 영원히 살고 싶을까? 인구 과잉을 생각해 보라! 맥도날드에 늘어선 긴 줄을 생각해 보라!

## 028 바들바들 떨리는 눈꺼풀 경련, 왜 일어날까?

눈꺼풀이 떨리는 현상은 눈을 감싸고 있는 작은 근육들이 비자발

적인 경련을 일으키는 것으로 크게 해롭지는 않다. 눈꺼풀 경련은 눈을 너무 많이 찡그리거나, 단순히 피곤하거나, 커피를 너무 많이 마시거나, 눈이 건조하거나, 컴퓨터나 TV를 너무 오래 봐서 발생한다. 어떤 경우에는 경련이 한쪽 눈에만 나타나기도 한다.

눈꺼풀 경련은 종일 컴퓨터를 보는 사람들에게 쉽게 일어나는 현상이다. 신체의 모든 근육은 과하게 사용하면 경련이 온다. 그러니 눈을 쉬는 것만으로도 대부분의 눈꺼풀 경련을 치유할 수 있다. 가끔 눈을 의도적으로 깜빡여 줘도 도움이 된다.

대부분의 눈꺼풀 경련은 별다른 치료를 하지 않아도 사라진다. 하지만 경련을 당장 멈추고 싶다면, 항히스타민제 안약을 넣거나 온찜질을 하거나 따뜻한 물로 목욕을 해 보자. 가벼운 눈꺼풀 경련은 누구나 한두 번쯤 겪기 마련인데, 심해지는 경우는 흔치 않다.

본태성 안검연축이란 눈꺼풀이 한쪽 혹은 양쪽 다 떨리는 현상을 나타내는 의학 용어로, 흔히 스트레스 때문에 발생한다. 이 경련은 대개 하루 정도 지속하다 사라지는데, 증상이 계속되어 병원에 가면 주변 근육에 보톡스를 주사해 완화한다. 대부분의 경우 보톡스가 가장 흔한 처방이다.

본태성 안검연축은 뇌전증과 정신병 치료를 위해 복용한 약의 부작용으로 나타나기도 한다. 증상이 심하면 눈이 마르거나, 투렛증후군이 생기기도 하고, 뇌전증과 유사한 다른 신경 문제들이 발생하기도 한다. 이렇게 심각한 경우 의사의 조치가 필요하다.

## 029 우리 몸은 어떻게 추운 날씨에 대비할까?

우리 신체는 기온이 떨어지는 위험에 대한 훌륭한 방어 체계를 갖추고 있다. 우리 몸이 추위에 노출되면, 입모근반사(pilomotor reflex) 반응으로 근육이 수축해 피부에 난 체모가 곤두서며 닭살이 생긴다. 이 털들은 피부 근처의 공기를 잡아 몸의 열기를 유지한다. 그리고 몸의 근육들이 수축과 이완을 빠르게 반복해 부르르 떨며 열을 생성한다. 이 떨림은 충분한 열이 생성될 때까지 지속되며, 근육에서 떨림을 거듭해 발생한 열은 체온을 올린다. 마지막으로 뇌가 생존 모드에 돌입하면 팔다리로 전해지는 혈액을 제한하고 내부 장기로 향하게 한다. 추울 때 사지부터 창백해지다가 파랗게 변하는 이유다.

사람은 어느 정도의 추위까지 버틸 수 있을까? 체온이 섭씨 35도가 되면 저체온증이 오기 시작한다. 몸을 떨어 체온을 유지하는 방법은 더 이상 통하지 않아 떨림이 멈추고, 말할 때 발음이 새게 된다. 체온이 30도 안팎이 되면 의식을 잃고 혼수상태에 들어가며 몸이 굳는다.[10]

극심한 추위에서는 몸을 건조하게 유지하는 게 중요하다. 얼음이 깨져 물에 빠지는 등의 사고로 몸이 젖으면, 체온을 평소보다 25배 더 많이

10 저체온증은 심부 체온의 온도에 따라 중증, 중등도, 경증으로 나뉘며, 28도 아래일 때 중증, 28~32도일 때 중등도, 32~35도일 때 경증으로 본다.

빼앗긴다. 위스콘신대 천연자원학과의 어류생물학자인 워런 처칠은 '최악의 저체온증을 겪고 살아남은 사람'이다. 그는 심부 체온이 16도까지 내려갔었다. 의사들은 작은 관을 통해 온수가 흐르는 특수 담요를 그에게 덮었다. 처칠은 너무 심하게 몸을 떨어 의사들이 근육을 마비시키는 약을 주사할 정도였다. 이런 극한의 체온에서는 신체의 떨림이 너무 심해 근육이 내부적으로 손상되거나 심지어 찢어질 수도 있기 때문이다.

## 030 다운증후군은 무엇 때문에 발생할까?

과잉염색체로 유발되는 지적장애는 몇 가지가 있는데, 가장 흔한 경우가 다운증후군이다. 영국의 의사 존 랭던 다운은 1866년 얼굴에 결함을 가진 아이들을 연구해 짧은 논문을 발표했는데, 이 병은 그의 이름을 따서 다운증후군이라 명명되었다.

다운증후군에는 여러 종류가 있다. 다운증후군의 원인은 비정상적 세포 분열인데, 이것은 수정 전이나 수정되는 순간 난자에서 흔히 발생한다. 정상적인 아이는 부모로부터 23개씩 총 46개의 염색체를 물려받는다. 유전자들이 모여 만들어지는 염색체는 유전물질인 DNA를 포함하고 있다. 23쌍의 염색체 중 X와 Y로 불리는 염색체는 아이의 성별을 결정한다. 다른 염색체 안에 있는 DNA는 혈액형이나 머리카락 및 눈동자의 색, 일부 병에 걸릴 확률 등을 결정한다.

염색체에 이상이 생기면 신체 발달 및 기능이 바뀌기도 하는데, 간혹 눈에 띄지 않을 때도 있다. 유전적 결함은 부모로부터 아이에게 전해지거나 혹은 새로운 돌연변이로 발생하기도 한다.

비장애인은 21번 염색체가 두 개다. 다운증후군은 21번 염색체가 추가로 복제돼, 수정란이 세 개의 21번 염색체를 가지게 되어 발생한다. 다운증후군의 95퍼센트가 이러한 삼중 염색체로 인한 것이다. 아주 드물게는 이 염색체의 유전자가 유전되어 발생하기도 한다.

다운증후군의 특징적인 양상은 키가 작고, 근육 긴장도가 떨어지며, 목이 두껍고, 팔다리가 평균보다 짧으며, 복부가 돌출되고, 콧등이 평평한 경우가 많다.

심각한 지적장애는 드물게 나타나지만 다운증후군 아이들은 지적 능력이 다소 떨어지는 편이다. 어떤 아이들은 심장 결함이나 시각 문제를 보이기도 하며, 갑상선기능 저하증이나 호흡기 문제를 겪기도 한다. 35세 이상의 임신부는 다운증후군 아이를 가질 위험이 증가하는데 확률은 나이와 비례한다.

생명은 소중하다. 사랑과 돌봄, 교육으로 다운증후군 아이들의 삶을 충실하게 이끌 수 있다.

## 031 인간은 어떻게 자랄까?

인간을 포함한 살아 있는 많은 생물은 세포 분열로 성장한다. 각각의 세포는 세포핵을 가지고 있다. 유사 분열이라고 하는 활동을 통해 세포핵이 나뉘고 하나의 세포가 둘이 된다. 새로운 세포는 모세포의 유전물질을 복사해 받는다.

세포들은 끊임없이 분열하며, 더 많은 세포를 만들어 조직과 뼈의 성장을 이끈다. 유년기에는 장기가 자라고, 피부가 자라며, 신체 모든 부위가 커진다. 인간의 신체는 출생부터 18~20세까지 계속해서 성장한다. 대체로 20세 이후에는 키가 더 이상 자라지 않는다. 물론 옆으로는 더 커질 수 있다. 뼈의 성장은 우리의 키를 결정한다. 그중에서도 특히 다리뼈가 키를 결정하는데, 그것은 다리뼈의 양쪽 끝이 모두 자라기 때문이다. 뼈는 십 대 후반까지 길어지지만 많이 넓어지지는 않으며, 보통 동시에 성장을 멈춘다.

뼈의 성장과 키는 유전의 영향이 크며 식단도 다소 영향을 끼친다. 뼈는 칼슘과 비타민이 필요하다. 그러니 우유를 마시고, 설탕이 많이 든 음료는 가급적 마시지 않는 게 좋다. 근육은 뼈에 맞춰 대부분 자동적으로 성장하지만, 일부 근육은 운동을 통해서만 키울 수 있다. 근육은 사용하지 않으면 없어진다!

한 연구 결과에 따르면, 골반은 20~80세 사이에 1인치 정도 넓어진다. 몸무게나 체지방을 꾸준히 관리한 사람도 마찬가지다. 그리고 이 말은 곧 몸매에 신경을 쓴 사람도 결국엔 그렇지 않은 사람과 똑같이 허리가 약 3인치 굵어진다는 뜻이라고 한다. 인생은 가끔 불공평하다!

두개골 또한 나이가 들며 자라는데, 이마가 앞으로 살짝 돌출되며 광대가 약간 벌어진다. 신체는 모든 부위가 일정한 비율로 자라지는 않는다. 갓 태어난 아기의 머리 크기는 성인과 크게 차이가 나지 않지만, 몸은 훨씬 작다. 성장 과정에서 머리는 약간 커지는 정도지만 팔과 다리, 몸통은 엄청나게 자란다. 성장에 가장 중요한 요소는 유전이지만, 영양과 운동, 질병이나 부상도 복합적으로 영향을 끼친다.

신체의 성장은 무척이나 정교하고 복잡해서 그에 대한 지식을 아직 모두 알아내진 못했지만, 결국 하나에서 시작된다. 바로 세포의 분열이다.

## 032 우리의 뇌는 어떻게 작동할까?

적어도 1840년대 이후부터 사람들은 뇌를 '회백질'이라고 표현해 왔다. 하지만 사실 뇌는 분홍빛이 도는 살구색을 띤다. 뇌의 한가운데에는 옅은 황백색 음영이 있다. 뇌는 푸딩 같은 경도를 가진 아주 부드러운 조직으로, 무게는 약 1.4킬로그램에 부피는 1300세제곱센티미터 정도다. 정확한 크기와 무게는 사람마다 다르다.

뇌에 있는 1000억 개의 뉴런들은 각각 7000여 개의 다른 뉴런과 연결돼, 100조 개 이상의 시냅스로 이루어진 거대한 네트워크를 형성하고 있다. 각각의 접합부는 커다란 컴퓨터의 트랜지스터[11]처럼 켜지고 꺼지기를 반복한다.

뇌는 우리가 마시는 산소의 20퍼센트를 사용하며, 우리가 에너지원으로 사용하는 포도당 중 25퍼센트를 소비한다. 산소는 포도당을 뇌의 에너지원으로 만드는 데 쓰인다. 뇌에 산소 공급이 차단되면 4분 뒤부터 영구적인 뇌 손상이 발생한다. 저산소증은 산소가 부족한 상태, 무산소증은 산소가 완전히 차단된 상태를 말한다.

뇌는 크게 세 부분으로 나누는데, 피질, 둘레계통, 뇌줄기다. 피질은 가장 복잡한 것들을 다룬다. 이를테면, 생각하거나, 결정을 내리고, 물체를 인지하거나, 말을 하고, 소리를 듣고, 감각을 느낀다. 우리가 운동, 음악, 글쓰기를 할 수 있는 것도 피질 덕분이다. 둘레계통은 생존에 관여한다. 이 부분은 우리에게 음식을 먹고, 물을 마시고, 코트를 입어야 할 시기를 알려 준다. 또한 위협을 인지하고 위험을 경고하며, 즐거움이나 행복을 느끼게 해 준다. 뇌줄기는 척추 안에 있는 척수와 뇌를 연결하는 부위로, 심장 박동, 호흡, 그 밖의 생체 기능을 담당한다. 이곳을 심하게 다치면 의식을 잃고 혼수상태가 된다. 뇌줄기가 있어야 피질도 기능할 수 있다.

뇌에 악영향을 끼치는 일은 수없이 많다. 심장마비, 질식, 물에 빠지

---

11 트랜지스터(transistor)란 전기회로에서 전류나 전압을 제어하는 스위치 기능을 하는 부품이다.

는 사고, 높은 고도, 머리 부상 등은 뇌에 심각한 손상을 입힌다.

뇌졸중에는 두 가지 종류가 있는데, 둘 다 뇌의 혈액 공급에 이상이 생겨 발생한다. 먼저, 혈전성 뇌졸중은 혈관에 형성되는 혈전이 뇌동맥을 막아 일어난다. 다음으로는 출혈성 뇌졸중이 있다. 이것은 주로 동맥류로 인해 일어난다. 약해지고 손상된 동맥벽 부위가 부어올라 주변 조직에 압력을 가하거나 터지면서 출혈을 일으키는 것이다.

뇌도 신체의 다른 조직과 마찬가지로 종양이 생길 수 있는데, 종양은 걷잡을 수 없는 세포 분열로 발생한다. 악성 종양, 즉 암 종양은 주변 조직을 공격해 심각한 손상을 입히거나 다른 조직으로 퍼진다. 양성의, 암이 되지 않은 종양은 전이되거나 다른 조직을 공격하진 않지만, 크기가 꽤 커지면 인접한 뇌 조직에 압력을 가하기도 한다.

합법 및 불법 약의 남용이나 오용은 뇌의 신경세포에 손상을 줘 뇌가 영구적으로 망가질 수 있다.

치매는 뇌 기능 저하를 두루 표현하는 말로, 기억 손실, 사고 능력의 퇴화, 일상 활동 기능의 저하 등이 포함된다. 치매 중 알츠하이머의 비율은 50~70퍼센트에 이른다.

때로 검시관은 사망 원인을 알아내기 위해 시신을 부검할 때가 있다. 부검 시에 보통 뇌는 따로 분리한다. 이를 위해 스트라이커 톱이라는 전기톱을 사용해 두개골 윗부분을 동그랗게 도려낸다. 검시관들은 메스를 사용해 뇌줄기와 척수를 연결하는 조직을 잘라 뇌를 두개골에서 떼어 내고, 추가적인 검사를 위해 용액에 따로 보관한다.

알버트 아인슈타인의 뇌는 1955년 4월 그가 사망한 지 몇 시간 만에 신체에서 분리됐다. 그 이후 아인슈타인의 뇌는 지난 50여 년간 세상을 떠돌았는데, 이에 대해 알고 싶다면 캐롤린 에이브러햄의 《천재의 소유(Possessing Genius)》를 읽어 보길 권한다.

뇌는 놀라운 기관으로, 내가 나일 수 있게 해 준다. 우리의 몸은 뇌의 지시에 따를 뿐이다. 말하자면, 육체는 뇌의 독창성과 분리된다면 그저 실용성만을 지니고 있는 것이다. 뇌는 그 구조가 아주 복잡해, 우주, 심해와 더불어 마지막 미지의 영역으로 여겨지고 있다.

우리의 뇌는 놀랍도록 정교하고, 하나뿐인 너무나 소중한 곳이기에 잘 관리해야 한다. 약이나 알코올을 남용하거나 헬멧 없이 자전거를 타거나 자동차에서 안전띠를 매지 않는 등의 행동으로 뇌를 위험에 처하게 해서는 안 된다. 그리고 우리의 뇌도 근육처럼 운동이 필요하다. 즉 평생 배워야 한다는 얘기다. 물론, 몸을 움직이는 운동도 뇌 건강에 도움이 된다.

## 033 심장마비는 어떻게 처치할까?

가슴에 통증을 유발하는 협심증은 심장에 충분한 혈액이 공급되지 않아 발생한다. 협심증을 앓는 환자나 심장마비를 일으킨 환자에게는 혈관을 빠르게 확장해 주는 니트로글리세린 알약을 투여한다. 이 약은 심장으로 향하는 관상동맥을 확장하여 심장의 부담과 통증을 덜어 준다.

니트로글리세린 제제는 알약 혹은 스프레이로 되어 있다. 둘 다 혀 밑에 넣어 섭취한다. 니트로글리세린 의약품은 패치 형태도 있다. 협심증이 있는 사람은 효과가 오래 지속되는 패치에 더해 알약을 복용하면 빠르게 증상을 완화할 수 있다. 알약은 5분마다 1알씩, 최대 3알까지 먹을 수 있다. 그래도 심장에 통증이 있다면 즉시 응급실로 가 의사의 진료를 받아야 한다.

물론 니트로글리세린 알약도 복용 시 주의가 필요하다. 흔한 부작용으로 두통, 어지럼증, 홍조 증상이 있기 때문이다. 미국에서는 비아그라나 시알리스 같은 발기부전 치료제 광고를 TV에서 흔히 볼 수 있는데, 유심히 들어 보면 (낮고 빠른 목소리로) 니트로글리세린과 함께 복용하지 말라는 안내가 항상 나온다. 잘못 복용하면 목숨이 위태로운 수준까지 혈압이 낮아질 수 있기 때문이다.

점막은 신체 일부 장기나, 코, 입, 폐, 위장관 안에서 막을 형성하고 있는 습성의 조직이다. 점막은 안에 있는 샘의 점액 분비로 촉촉하다. 니트로글리세린 알약을 혀 밑에 넣으면 점막에 바로 흡수돼 혈류로 들어간다. 이렇게 복용하면 단 몇 초 만에 흡수된다. 이런 복용 방법은 니트로글리세린을 삼켜 소화 과정을 통해 체내로 흡수하는 것보다 효과가 빠르다.

# 034 마취는 어떻게 이루어지는 걸까?

과학 칼럼 쓰기의 좋은 점은 재미있는 많은 일을 둘러볼 핑계가 된다는 것이다. 또 아직 다양한 분야에 배워야 할 것들이 많다는 사실도 깨닫게 해 준다. 그리고 스스로 선택한 분야에서 전문가가 된 사람들과 이야기할 기회도 얻게 된다. 난 이번 질문에 정확하게 답을 하기 위해, 스스로 조사함과 동시에 현직 마취과 의사에게 자문을 구했다.

1846년 10월 16일, 보스턴의 치과 의사인 윌리엄 모턴은 에테르에 적신 스펀지를 사용해 길버트 애버트라는 환자를 진정시켰다. 그리고 의사 존 콜린스 워런이 환자의 목에 있던 혈관 종양을 제거했다. 깨어난 환자는 구경꾼들에게 고통은 전혀 느끼지 못했다고 말했다. 그 외에도 크로퍼드 롱, 호레이스 웰스, 찰스 잭슨[12]을 포함한 몇몇 사람이 최초로 마취를 시도했다고 주장했다. 의학의 새로운 시대가 열렸다.

마취에는 네 가지 종류가 있다. 전신, 부위, 국소 마취 및 진정이다. 각각의 마취 방법은 신경기관의 다른 부위에 작용한다. 전신 마취는 뇌세포에 작용해 환자가 의식을 잃게 만든다. 부위 마취는 필요한 신경기관에 작용해 신경을 막고, 국소 마취는 특정 부위에만 작용한다. 부위 마취에는 척추 마취, 경막외 신경차단술, 신경차단술이 포함된다. 신경차단술 마취는 팔 혹은 다리 수술 중에 작용한다.

---

12 새뮤얼 모스가 발명한 전신을 자신이 만들었다고 주장한 사람이다.

진정은 반수면 상태와 비슷하다. 전신 마취에 사용되는 일부 약의 농도를 낮춰 진정에 사용하기도 한다. 치과 의사 혹은 마취의가 피부 표면의 감각을 없애는 데 사용하는 노보케인이 그 예다. (비유를 하자면, 진정 상태는 전역을 앞둔 말년병장의 상태와 비슷하다.)

전신 마취는 대뇌피질, 시상, 뇌줄기에 작용해 몸을 꼼짝할 수 없게 만든다. 또한 뇌줄기의 망상활성계(RAS)에 작용해 의식을 잃게 한다. 망상활성계는 수면과 각성의 전환을 관장하는 부위다. 덕분에 전신 마취를 한 사람은 고통도 못 느끼고, 움직일 수도 없으며, 무슨 일이 일어났는지 알지 못한다. 환자가 깨어나도 마취 중의 기억은 없다.

나는 최근 눈 수술을 받으며 전신 마취를 경험했다. 당시 마취약이 체내에 들어가는 양이 지나치면 저승사자를 만날 수 있고, 부족하면 수술 도중 깨어날 수 있다는 얘기를 들었다. 어느 쪽도 경험하고 싶지 않은 마음에 그 판단 기준을 의사에게 물어봤다. 마취의는 심박수, 박동, 혈압, 호흡, 혈액 속 산소의 양을 체크한다고 말했다.

전신 마취제는 몸에 액체를 주입하거나 가스 흡입으로 체내에 투여한다. 몇 가지 약과 가스가 단독 혹은 혼용으로 쓰인다. 마취의 효과는 최소폐포농도로 측정한다. '허파꽈리'라고도 부르는 폐포는 폐 속 내벽에 있는 작은 주머니로, 이곳의 벽을 통해 가스가 혈관으로 들어간다. 최소폐포농도는 피부 절개와 같은 고통스러운 자극을 받은 사람의 50퍼센트가 고통에 반응하지 않도록 하는 폐포 내 흡입 마취제의 농도를 말한다.

## 035 왼손잡이와 오른손잡이는 어떻게 결정될까?

학자들은 유전에 기인한다고 말한다. 눈동자가 갈색 혹은 파란색이 되는 것과 같은 이유다. 인간게놈프로젝트는 하나의 유전자가 왼손잡이와 오른손잡이를 결정한다는 가설을 뒷받침한다. 열 명 중 한 명이 왼손잡이인데, 남성이 여성에 비해 20퍼센트 정도 많다.

왼손잡이는 그 사람이 왼손으로 글을 쓰고, 손짓하고, 공을 던지고 잡는 등 왼손을 더 자주 사용한다는 의미다. 왼손잡이는 발로 찰 때, 달리기나 걷기의 첫발을 뗄 때, 자전거를 탈 때도 왼쪽 발을 더 많이 사용한다. 또 왼쪽 눈을 더 자주 쓰기도 하는데, 카메라나 망원경, 현미경을 볼 때 왼쪽 눈으로 본다. 그리고 오른쪽 뇌를 주로 사용한다.

과거에는 왼손잡이에 대한 공감이 부족했다. 그래서 부모나 교사가 왼손잡이 아이에게 오른손 사용을 강요했는데, 그 때문에 아이가 반항심이나 좌절감, 말더듬이, 난독증, 혹은 학교에 대한 거부감을 일으켰다. 이런 이유로 왼손잡이 아이들은 뭔가에 서투르거나 발달이 느린 아이로 분류되기도 했다.

요즘은 왼손잡이를 대하는 태도가 한결 나아진 듯하다. 대부분 부모가 아이들이 어떤 손을 선호하는지 보고, 그대로 받아들인다. 왼손잡이를 위한 날도 있다. 미국에서 8월 13일은 왼손잡이의 특별함을 축하하는 날이다.

하지만 여전히 많은 도구와 기구, 사무용품이 오른손에 맞춰 제작된다. 바지 뒷주머니가 하나뿐이라면, 언제나 오른쪽에 달려 있다. 왼손잡이들은 그 주머니를 쓰려면 '어색한' 손을 사용해야 한다. 피아노 악보도 오른손으로 주요 멜로디를 연주하고 왼손으로 반주를 넣게 돼 있다. 자동차의 기어도 오른손으로 조작해야 한다. 카메라 셔터도 오른쪽에 달려 있다. 컴퓨터 키보드에도 가장 자주 사용하는 엔터, 백스페이스, 방향 키, 숫자 키는 모두 오른쪽에 있다.

'사우스포(southpaw)'는 1880년대 야구에서 비롯된 속어로, 왼손잡이 투수를 지칭하는 말이다. 당시 야구장은 오후의 햇빛을 피해 타자가 동쪽을 바라보도록 설계됐다. 그래서 투수의 왼손(paw)이 남쪽(south)을 향했던 데서 유래했다고 한다.

마지막으로, 왼손잡이는 뛰어난 창의성과 독창성, 직업적 성공과 연관지어 생각되어 왔다. 특히 과학과 예술 분야에서 크게 성공한 유명한 왼손잡이들이 많다. 줄리어스 시저, 미켈란젤로, 알버트 아인슈타인, 로널드 레이건, 그리고 제이 레노도 있다. 우리 집의 삼형제 중 한 명이 왼손잡이인데, 나보다 돈을 더 잘 번다! (그리고 네 살 난 내 왼손잡이 손자는 내 눈에는 천재처럼 보인다.) 물론 오른손잡이들이 성공한 사례도 셀 수 없이 많다. 그러므로 실제로 왼손잡이여서 좋은 점이 있는지 아닌지는 정확히 알 수 없다.

## 036 나이가 들면 왜 머리카락이 하얘질까?

어떤 사람은 이십 대에 머리가 하얘지고, 어떤 사람은 칠팔십 대가 되어서도 검은 머리를 유지한다. 두피의 모낭이 색소를 만들지 않으면 몇 년에 걸쳐 머리가 세는 과정이 진행된다. 몇 달 혹은 1, 2년 만에 완전히 하얘지기도 하는데, 이 기간은 유전에 많은 영향을 받는다. 또 원래 머리카락이 얼마나 어두운색이었는지도 영향을 미친다.

사실 흰 머리카락은 검은 머리카락이 하얗게 변하는 게 아니라 처음부터 흰 상태로 자라나는 것이다. 모발의 일부는 매일 빠지고 그 자리에 새로운 모발이 난다. 머리카락의 색은 모낭에서 새로운 모발이 자랄 때 멜라닌과 페오멜라닌에 의해 정해지며, 사람마다 이 두 가지 물질을 가지고 있는 양이 다르다. 멜라닌은 머리카락에 함유된 정도에 따라 모발을 옅은 금색, 갈색, 검은색으로 만든다. 페오멜라닌은 빨간 머리가 나게 하고, 머리카락 안에 붉은빛이 돌게 한다. 모낭이 (대개 나이가 듦에 따라) 더 이상 이런 색소들을 만들지 않으면, 거기서 다음에 자라는 머리카락이 하얗게 된다. 이런 현상이 일어나는 원인은 노화의 수수께끼 중 하나다.

흰머리가 났다고 건강이 안 좋은 것은 아니다. 미용을 목적으로 검게 염색하기도 하지만, 사실 흰머리가 건강상의 문제를 일으키지는 않는다.

수많은 외부적 원인도 흰머리가 나게 한다. 대부분의 연구에 따르면, 흡연은 커다란 요소가 된다. 담배를 피우는 사람들은 그렇지 않은 사람들에 비해 새치가 생길 가능성이 네 배나 높다. (어떤 연구에서는 흡연을 하면 빨리 머리가 벗겨진다고도 한다.)

새치는 (혹은 대머리도) 때 이른 노화의 징조는 아니다. 이와 다른 주장도 있지만 새치와 대머리와 노화와의 확실한 상관관계가 밝혀진 바는 없다. 특히나 검은 머리를 가진 사람 대부분이 이십 대 후반이나 삼십 대 초반에 자기 머리카락 중에서 흰머리 몇 가닥을 발견하는 게 보통이다.

3장

# 우리 몸에 대한 호기심을 끝까지 풀어 보자

## 037 우리는 어떻게 색을 볼까?

색을 감지하는 일은 눈과 뇌가 함께 한다. 망막은 눈 뒤쪽에 자리 잡고 있는, 색을 감지하는 조직이다. 망막의 가운데에는 약 600만~700만 개의 원뿔세포가 있는데, 이 세포들이 각각 빨간색, 녹색, 파란색 빛을 감지한다.

눈 주변부에 있는 막대세포는 흐린 빛과 그 안에서의 시야를 담당한다. 각각의 눈에는 1억 3000만 개의 막대세포가 있다. 빛이 막대세포와 원뿔세포를 때리면 복잡한 화학물질이 전기자극을 만들어 시신경을 통해 뇌로 보낸다.

햇빛이나 백열등 및 형광등의 빛 광원에서 하얗게 발산하는 백색광은 사실 빨, 주, 노, 초, 파, 남, 보의 일곱 가지 색으로 이루어진다. 파장이 빨간색보다 길면 적외선이라 부르는데, 인간의 눈으로는 볼 수 없다. 파장이 보라색보다 짧으면 자외선이라 부르는데, 역시 눈에 보이지 않는다.

이 색들은 영국의 물리학자 아이작 뉴턴에 의해 규정되었다.[13] 이 일곱 가지 색 중 빨강, 초록, 파랑은 빛의 3원색으로 불리며, 컬러 TV나 전광판 패널에 사용된다.

---

13 아이작 뉴턴은 1666년에서 1672년에 걸친 프리즘 실험을 통해, 백색광이 일곱 가지 색의 빛이 결합된 것임을 증명했다. '스펙트럼'이라는 말도 이때 뉴턴에 의해 처음 사용되었다.

뉴턴은 빛에 대한 연구를 통해 색이 어떤 물체에서 '나오는 게' 아니라는 사실을 발견했다. 빨간색은 사과 '속에' 있는 게 아니다. 사과의 표면은 빛의 일부 파장을 반사하고 우리 눈은 그 빛을 보는 것이다. 빨간 사과는 빨간빛을 반사해 우리 눈에 전달하고 나머지 여섯 가지 색은 흡수한다. 우리는 반사하는 빛만 인지하기 때문에 사과가 빨갛다고 한다. 어떤 물체가 모든 파장을 반사하면 하얗게 보인다. 또 어떤 물체가 눈에 보이는 모든 스펙트럼의 빛을 흡수하면 검게 보인다. 노란색 물체는 빨강과 초록을 반사하고 파랑은 흡수한다.

잡지 속 컬러 이미지나 신문을 인쇄할 때 롤러에 묻히는 잉크의 색을 CMYK라고 한다. CMY는 인쇄 및 회화, 물감과 염색의 3원색인 청록(cyan), 진홍(magenta), 노랑(yellow)을 뜻하고, K는 검은색(black)을 말한다.

## 038 만능 암 치료제가 개발되는 날이 올까?

우리는 모두 암을 경험한다. 직접 겪거나, 친척이나 친구를 통해 접한다. 암은 미국에서 심장 질환에 이어 두 번째 주요 사망 요인이다. 암의 종류가 한 가지가 아니라는 사실은 암의 치료 중 발생하는 문제 중 하나다. 암에는 200여 개나 되는 종류가 있다. 하지만 공통점이 있는데, 바로 비정상적이고 통제할 수 없는 세포의 증식이라는 점이다. 암에 걸리면 세포가 미친 듯이 분열한다! 종양이 자라 신체 조직을 파괴하고 다른 부위로 옮겨 간다.

노르웨이와 스웨덴, 덴마크에서 유전적 특징과 암 발생 사이의 관련도를 알아보기 위해 약 9만 명의 쌍둥이를 대상으로 대규모 연구를 진행했다. 쌍둥이는 비슷한 유전자를 가지고 있고, 특히 일란성 쌍둥이는 유전자 구성이 거의 일치하기 때문에 이상적인 연구 대상이다. 그런데 과학자들의 예상과는 달리, 유전자는 암 발생에 큰 역할을 하지 않았다. 쌍둥이들의 생활 습관에서 비롯된 환경적 요소의 차이가 더 큰 영향을 미쳤다. 흡연, 과식, 안 좋은 음식 섭취, 운동 부족, 환경오염 혹은 방사능 노출 등이 유전보다 더 중요한 요소로 작용했다. 쌍둥이 중 한 명이 암에 걸렸다 하더라도, 관리를 잘한 다른 쌍둥이의 90퍼센트는 같은 암에 걸리지 않았다.

이 연구는 우리가 암 발생의 위험을 어느 정도 통제할 수 있다는 사실을 보여 준다. 암은 초기에 발견해야 치료 확률을 높일 수 있다. 미국에서 우리가 마시는 공기와 물은 30~40년 전에 비하면 훨씬 깨끗해졌다. 하지만 갈 길이 멀다. 우리는 음식을 통해 몸에 안 좋은 화학물질을 꾸준히 섭취하고 있다. 과자나 아이스크림, 탄산음료나 고기의 포장지에 붙은 성분표를 확인해 보자. 우리의 식단에는 지방이 너무 많이 포함돼 있다. 자동차와 트럭, 석탄을 태우는 공장은 공기 중에 엄청난 양의 화학물질을 내뿜는다. 청소용 세제와 플라스틱, 다른 많은 가정용품에도 해로운 화학물질이 많이 들어 있다.

조기 발견 외에도 암에 맞서는 두 가지 방법이 더 있다. 먼저 백신을 사용해 암세포를 죽이고 재발을 방지하는 특수 세포의 생성을 촉진해 면역 체계를 강화하는 방법이다. 미국식품의약국은 암을 예방하는 두 가지 백신을 승인했다. 하나는 간암을 발생시키는 B형 간염을 막는 백신이고, 다른 하나는 자궁경부암의 원인이 되는 인유두종 바이러스에 대항하는 백신이다. 언젠가는 척수성 소아마비나 수두 백신처럼 모든 암을 막아 주는 백신이 개발되지 않을까?

암과 싸우는 두 번째 방법은 암에 공급되는 혈액을 차단하는 방법이다. 아바스틴 같은 약은 종양에 영양을 공급하는 새로운 혈관이 형성되지 못하게 억제한다. 백신보다 훨씬 간단한 방법이라지만, 완전히 이해하기 힘든 매우 복잡한 생물학적 방법이 적용된다.

몇몇 의사에게 암의 정복이 대략 어떻게 진행되고 있는지 물어봤는데, 모두 기본적으로 같은 이야기를 했다. 모든 종류의 암을 치료하는 데 큰 발전이 이루어지고 있으며, 특히 일부 암의 치료와 관련해서는 상당히 성과가 있었다는 얘기였다. 현재 치료에 활용하는 수술이나 방사선요법, 화학요법도 개선되고 있다고 한다. 그리고 20~50년 후면 거의 모든 암을 치료할 수 있을 것으로 예상했다. 그때에는 암세포가 단 몇 개만 생겨도 찾아낼 수 있는 기술과 장비를 갖추고, 심지어 그 세포들을 제거할 수 있게 될 것이다. 가장 치료가 어려운 암은 면역 체계에 이상을 일으키거나 면역 체계를 공격하는 암이 될 것이라고 한다.

# 039 사람이 최대로 클 수 있는 키는 얼마나 될까?

기록으로 남아 있는 키가 가장 큰 사람은 미국 일리노이주 출신 로버트 워들로로, 1940년 스물두 살의 나이로 사망했다. 그의 키는 무려 272센티미터였다. 현재 살아 있는 사람 중 최장신은 터키에 살고 있는 서른여섯의 쿠르드족 청년 술탄 쾨센이다. 그의 키는 251센티미터이며 2009년에 생존하는 최장신으로 기네스북에 오른 바 있다. 이 두 사람이 엄청나게 키가 자란 것은 거인증에 걸렸기 때문이다.

신장은 유전, 호르몬, 그리고 영양 상태로 결정된다. 사람은 사춘기가 지나면 곧 키의 성장이 멈춘다. 성호르몬은 뼈의 성장을 제한한다. 즉, 뼈의 양 끝이 더 자라지 못하게 하는 것이다. 이 시기를 맞는 나이는 평균적으로 성별에 따라 다르다. 남자는 약 열여덟 살까지 크고, 여자는 약 열여섯 살 무렵까지 자란다. 워들로는 뇌하수체에 종양이 있었다. 종양이 성호르몬 분비를 자극하는 뇌하수체 세포를 파괴하면, 뼈에 성장을 멈추라는 신호가 전달되지 않는다.[14]

마르판증후군은 결합조직에 생기는 유전 질환이다. 마르판증후군을 가진 사람은 키가 크고 팔다리 및 손가락이 길다. 에이브러햄 링컨이

---

14 뇌하수체의 종양은 과도한 성장호르몬 생성을 유발한다. 이 종양이 뼈의 성장이 멈추기 전에 생기면 키가 비정상적으로 자라는 거인증에 걸리고, 후에 생기면 코, 턱, 손발 등이 비대해지는 말단비대증에 걸리게 된다.

마르판증후군을 앓았던 것으로 여겨진다.

의학 전문가들은 키가 270센티미터 이상 되면 오래 살기 힘들다고 말한다. 다리의 혈압이 지나치게 높아져 혈관이 터지거나 정맥류 궤양이 발생하기도 쉽다. 워들로 역시 감염성 궤양으로 사망했다.

현대의 항생제로 감염은 막을 수 있다고 해도, 지나치게 큰 키는 심장에 무리를 준다. 혈액을 210~240센티미터의 높이로 퍼 올리려면 심장에 큰 부담이 생긴다.

십 대 때 급격하게 성장하는 사람들도 있다. 몸의 바깥쪽부터 자라 안쪽이 큰다. 손과 발이 먼저 커져 신발이 자꾸 작아지는 게 급격한 성장의 신호다. 그 뒤 팔과 다리가 길어지고, 척추가 자란다. 마지막으로 남자아이는 가슴과 어깨가 넓어지고 여자아이는 엉덩이와 골반이 커진다.

키가 작아 걱정인 아이도 더 클 수 있을까? 물론이다. 약간이기는 하지만. 과일과 채소, 곡물과 고기가 풍부한 식단이 도움이 된다. 잠을 충분히 자는 것도 매우 중요하다. 잠이 부족하면 성장호르몬 분비가 제한된다. 그리고 몇몇 스트레칭 운동도 성장에 도움을 준다.

성장호르몬을 맞으면 키가 더 클까? 그렇다. 성장기인 어린 나이라면 키가 자란다. 하지만 조건이 까다롭고, 이와 관련한 과대, 과장 광고도 많다. 따라서 성장호르몬은 반드시 의학 전문가들로부터 처방받아야 한다.

키가 작으면 손해를 보는 경우가 있다. 미국에서 작은 사람들은 일자리를 구할 때 때로 불이익을 받는다. 그리고 대체로 여자들은 키 큰 남자에게 더 매력을 느낀다.

1900년부터 2011년까지, 미국에서 치러진 스물여덟 번의 대통령 선거 중 키가 더 큰 후보가 당선된 사례는 열여덟 번이고, 작은 후보가 당선된 경우는 여덟 번이다. 나머지 두 번은 후보자들의 키가 같았다.

## 040 가끔 근육 경련으로 잠에서 깨는 이유가 뭘까?

대부분 이런 경험이 한두 번은 있으리라 생각된다. 다리에 쥐가 나는 일이 가장 흔한데, 다른 모든 부위의 근육도 수축해 뭉칠 수 있다. 신뢰할 만한 몇몇 의학 웹사이트에 따르면, 이 현상은 탈수증이나 이뇨제 복용, 무리한 운동으로 인한 근육의 과용, 근육 피로, 스트레스나 걱정, 비타민C의 부족으로도 나타난다. 황제 다이어트 같은 고단백 저탄수화물 식단은 비타민C의 함량도 낮은 편이다. 커피를 많이 마셔도 이뇨작용이 일어나 자다가 쥐가 날 수 있다.

다리에 쥐가 나면 스트레칭이나 마사지로 근육을 풀어 주는 게 좋다. 힘이 들어가 굳어 있는 다리의 무릎 관절을 구부려 줘도 풀린다. 아이스 팩도 근육의 긴장을 풀어 준다. (피부에 직접 대면 안 되고, 수건이나 천으로 감싸서 대야 한다.) 근육의 긴장이 풀린 뒤 통증이나 압통이 있다면 따뜻한 수건이나 온열 팩을 댄다.

다리에 불편함이나 이상함을 느껴, 다리를 움직이지 않고는 참을 수 없게 되는 신경 질환을 하지불안 증후군이라고 한다. 다리에 가장 흔히 발생하며, 움직임을 지속하면 증상이 완화된다.

## 041 사람은 얼마나 빨리 달릴 수 있을까?

우사인 볼트 이전 '세상에서 가장 빠른 남자' 타이틀은 미국의 타이슨 게이가 가지고 있었다. 2008년 올림픽 대표선수 선발대회에서 게이는 바람의 도움을 받아 100미터를 9.68초에 뛰었는데, 이는 경기 조건을 막론하고 인간이 남긴 가장 빠른 기록이었다.[15] 그는 2009년 상하이 국제육상대회 골든 그랑프리에서 100미터를 9.69초에 달리는 기록을 세우기도 했다.

그다음으로 등장한 '세상에서 가장 빠른 남자'는 그 유명한 자메이카인 우사인 볼트다. 그는 2009년 베를린에서 100미터를 9.58초 만에 주파해 세계 1위의 자리에 올랐다. 그리고 이 기록은 아직까지 깨지지 않고 있다.

15 단거리 달리기, 멀리뛰기 등 일부 육상 경기에서는 뒷바람이 초속 2미터 이상으로 불 경우 공인 기록으로 인정되지 않는다.

가장 빠른 남자 순위 3위는 자메이카의 단거리주자 아사파 포웰이 지키고 있다. 그는 2005년 6월 14일 아테네 올림픽 경기장, 즉 파나티나이코 스타디움에서 100미터를 9.77초에 주파했다. 이 경기장은 세계에서 유일한 대리석 경기장이다. 2008년 5월 포웰은 100미터를 9.74초 만에 달렸다.[16] 내 계산이 맞다면, 시속 약 37킬로미터다.

'세상에서 가장 빠른 여자'는 플로렌스 그리피스 조이너로 1988년 100미터를 10.49초 만에 주파했다. 조이너는 1998년 뇌전증 발작으로 인한 질식으로 사망했다. 그녀의 나이는 겨우 서른여덟이었다.

100미터 경주는 인간이 최고 속도를 발휘하기에 이상적인 거리다. 조금만 더 길어져도 단거리주자들이 최고 속도로 코스 전체를 달리기 힘들어진다. 반대로 거리가 짧다면, 선수들이 최고 속도에 도달하자마자 레이스가 끝나 버린다.

앞서 나열한 기록들은 도구를 사용하지 않은 인간이 낸 가장 빠른 속도다. 속도만 따졌을 때 가장 빠른 속도를 경험한 인간은 달에 갔다가 1969년 5월 26일 지구로 복귀한 아폴로 10호의 우주비행사들이다. 유진 서난, 토머스 스태포드, 존 영은 지구의 대기권에 진입하기 직전 초속 약 1만 1000미터, 즉 시속 4만 234킬로미터를 경험했다.

---

16 포웰은 2007년 국제육상경기연맹의 리에티 그랑프리에서 100미터를 9.72초에 주파해 자신의 최고 기록을 세운 바 있다.

<u>042</u>

# 왜 뭔가를 한참 보고 나면 다른 색 잔상이 보일까?

우리는 이런 현상을 잔상, 혹은 망막상이라고 한다. 상당히 재미있는 현상이다.

망막의 피로로 인해 나타나는 현상이라는 가설이 일반적이다. 우리 눈의 망막에는 세 가지 형태의 색 수용체, 즉 색 감지 원뿔세포가 있다. 어떤 세포는 빨간색을, 어떤 세포는 녹색을, 어떤 세포는 파란색을 감지한다. 빛의 3원색은 빨강, 초록, 파랑이다.

우리가 특정 색을 오래 쳐다보면, 그 색을 감지하는 수용체들이 지치거나 피로해져 활동을 원활히 하지 못하게 된다. 하지만 우리는 모든 색의 빛을 반사하는 흰 바탕을 보고 나서야 수용체들이 지쳤다는 사실을 인지한다. 지친 수용체들은 그들이 느끼는 색을 뇌로 전달하지 못해, 우리가 정반대의 색 이미지인 보색을 보게 되는 것이다. 예를 들어, 녹색의 물체를 30초 이상 보다가 하얀 스크린이나 종이를 쳐다보면, 빨강과 파랑이 합쳐진 자주색을 보게 된다. 또 파란색 물체를 일정 시간 보고 나서 흰 종이를 보면 노란색으로 보인다. 노란색은 파랑의 보색, 정반대인 색이다.

미국에서 망막의 피로를 이용한 가장 유명한 그림은 바로 반대로 색칠한 성조기다. 녹색, 검은색, 노란색으로 칠해진 성조기를 한참 보다가 흰 종이를 보면, 우리에게 익숙한 빨강, 흰색, 파란색의 원래 국기가 보인다.

병원의 의사나 간호사들은 수술실에서 청록색 옷을 입는다. 의사들은 밝은 조명 아래서 붉은 피를 장시간 동안 보게 된다. 의사가 눈을 돌렸을 때, 조수가 하얀 옷을 입고 있으면 청록색의 잔상이 보여 거슬릴 것이다. 하지만 청록색 옷을 입는다면 그런 잔상효과를 방지할 수 있다.

우리의 눈, 시력은 신이 주신 소중한 선물 중 하나라고 생각한다. 그리고 색은 신이 덤으로 주신 선물이다!

## 043 왜 태풍이 오면 무릎이 쑤실까?

나는 물리학을 전공했기 때문에 이 질문을 생물학 전문가에게 물어봤다. 지역 병원의 물리치료사인 팀 코트베인이 말하길, 날씨의 변화에 따라 사람들이 관절이나 근육에 통증을 느끼는 현상은 확실한 근거가 있다고 한다.

태풍이 오거나 날씨가 흐려지면 기압이 떨어진다. 관절이 기압 변화에 적응하지 못하면, 그 주변의 부드러운 조직과 유동체가 늘어나고, 신경을 자극해 통증을 유발한다. 관절염이 있는 환자들이 더 심하게 느낀다. 또 무릎이나 발목에 보철을 박았거나 고관절 대치술을 받은 사람들은 날씨가 추워지면 통증을 느낄 수 있다. 특히 최근에 보철을 삽입했거나 대치술을 받은 사람일수록 증상이 뚜렷하다. 보철 주위의 뼈가 자라고 적응하는 데는 수 년이 걸린다. 이러한 뼈의 활동은 날씨와 기압에 민감하다.

부상은 당했을 때 제대로 재활하지 않으면 남은 인생에 계속 문제를 일으킨다. 한쪽 발목이나 다리를 다치면 반대쪽 다리에 부담을 준다. 걷는 방법이 바뀌면서 특정 근육에 부담을 주거나 장애가 생기기도 한다. 근육들은 짝을 이뤄 움직인다. 예를 들어, 팔의 이두를 수축하면 삼두는 이완한다. 약해진 근육과 균형을 맞추기 위해 강한 근육에 힘이 더 들어가게 된다. 더 큰 문제가 생기지 않게 하려면 다친 근육을 제대로 재활해야 한다.

## 044 재채기할 때 눈이 감기는 이유는 무엇일까?

재채기는 코의 이물질을 제거하기 위한 반사반응이다. 얼굴, 목, 그리고 가슴의 수많은 근육이 재채기를 할 때 동원된다. 재채기의 반사반응은 눈의 근육도 감기게 한다. 반사반응이란 뇌에서 신체가 반응하도록 프로그램화되어 있는 것이다. 그래서 재채기를 할 때 의도적으로 눈을 뜨는 건 불가능에 가깝다. 그런데 간혹 어떤 사람들은 재채기가 나오려 할 때 코를 막아 멈추기도 한다.

평균적인 재채기의 속도는 야구 선수가 던지는 가장 빠른 야구공의 속도인 시속 160킬로미터 정도라고 알려져 있다. 하지만 TV프로그램 〈호기심 해결사〉의 아담 새비지와 제이미 하이네만이 과학 실험을 통해 재채기의 속도를 측정해 보니, 아담은 시속 56킬로미터, 제이미는 63킬로미터로, 기존에 알려진 160킬로미터에는 한참 못 미쳤다. 게다가 재채기가 나간 거리도 아담은 약 5.2미터, 제이미는 약 4미터로, 최대 8미터로 알려진 거리보다 훨씬 짧았다.

1888년 토머스 에디슨은 어떤 사람이 재채기하는 모습을 보고 영화에 관한 아이디어를 떠올렸다. 그는 에드워드 마이브리지와 에티엔-쥘 마레의 정지 사진 실험을 참고해 연속 동작에 관한 연구를 성공적으로 이루어 냈다. 1889년 에디슨은 연속으로 촬영한 사진들을 보고, 이 사진들을 순서대로 빠르게 돌리면 살아 움직이는 것처럼 보이리라 생각했다. 에디슨은 자기 회사의 가장 유능한 직원이었던 젊은 영국인 윌리엄 딕슨에게 연구 과제를 줬다. 딕슨은 1894년 1월 〈에디슨 활동사진-재채기의 기록〉이라는 제목의 짧은 영화를 제작했다. 영화 속에서 재채기를 한 사람은 에디슨 회사의 또 다른 직원 프레드 오트였다. 이 필름은 영화사에서 가장 초기의 저작권 영화라 할 수 있는데, 현재 미국의회 도서관에 소장돼 있다.

## 045 태닝 기계, 과연 안전할까?

짧게 답하자면, 아니다! 살이 그을리는 현상은 화상의 일종으로, 피부가 신체를 보호하는 자연적인 반응이다. 태닝 기계는 피부에 인위적으로 손상을 입힌다. 피부가 그을리는 현상은 효소가 피부 속 세포를 자극해 생성된 멜라닌 색소가 자외선을 흡수해 일어난다. 멜라닌은 피부세포 안쪽에 있는 DNA를 보호하는 역할을 한다. 멜라닌은 자외선을 흡수하고 항산화물질과 비슷한 역할을 한다.

태양 혹은 태닝 기계에서 발생하는 자외선은 피부 표층을 뚫고 들어가 피부세포 안에 있는 DNA를 손상시킨다. 회복 효소는 상처 입은 DNA를 제거하고 새 DNA의 생성을 돕는다. 그런데 간혹, 상처 입은 곳을 복구하는 과정에서 문제가 생겨 암이 되기도 한다.

기계를 이용한 태닝이든 자연적 태닝이든, 안 좋은 점은 또 있다. 만성적인 자외선 노출은 결합조직을 손상시켜 피부 결을 바꿔 주름지고 거칠게 만든다. 검버섯이 생기게 하고 신체의 면역 체계를 해친다. 기계를 이용한 태닝은 심지어 백내장까지 일으킬 수 있다.

최근 전문가들은 태닝 기계를 이용하지 말 것을 권한다. 세계보건기구는 태닝 기계를 '인체 발암성 물질'로 규정하기도 했다. 사실 햇빛은 건강에 좋고, 또 필요하다. 비타민D가 결핍되면 구루병, 골다공증, 다발성 경화증 등의 위험이 증가하는데, 햇빛은 체내 비타민D의 합성을 촉진한다. 하지만 태닝 기계는 비타민D 수치와 별 관련이 없다. 장파장의 자외선 UVA를 쏘기 때문이다. 정작 비타민D 합성에 도움이 되는 것은 중파장 자외선 UVB다.

## 046 혈압을 잴 때 청진기에서는 무슨 소리가 들릴까?

의료진들은 혈압을 측정할 때 전구 모양의 펌프를 눌러 환자의 팔에 감은 혈압 측정 띠에 공기를 불어넣는다. 펌프에 설치된 작은 밸브는 공기가 역류하지 않도록 한다. 측정 띠에 바람이 차면 동맥과 정맥에 흐르는 혈액이 차단된다. 그 후 의사나 간호사가 압력을 천천히 낮추는데, 일정 시점이 되면 혈관의 미세한 틈으로 압축된 혈액이 요동치듯 밀려 나온다. 이때 소용돌이치듯 혈관에서 밀려 나오는 혈액은 소음을 일으킨다.

의료진들은 바로 이 소리를 듣는다. 처음 소리가 나는 지점에서 혈압의 최고점(수축기압)을 기록하고, 그 소리가 사라지면 동맥과 정맥의 혈액의 흐름이 부드러워졌다는 뜻이니, 최소 혈압, 즉 혈압의 최저점으로 기록한다.

혈압은 혈액이 혈관 벽을 미는 힘, 즉 압력을 말한다. 혈압은 체온, 맥박(심박), 호흡과 함께 네 가지 생명징후에 포함된다.

혈압을 재는 가장 흔한 기구는 혈압계다. 혈압을 나타내는 단위는 밀리미터로, 펌프된 공기가 밀어내며 기록한 수은주의 높이를 뜻한다. 'mmHg'로 표기하며, '수은주밀리미터'로 읽는다. 요즘 혈압계는 수은 대신 아네로이드 기압계나 전자기기도 사용한다.

우리 몸에 있는 혈관은 집에 상하수도를 연결하는 파이프와 비슷한 면이 있다. 상하수도 설비도 파이프의 벽에 전해지는 물의 압력(수압)을 측정한다. 인간 혈액 순환기계의 '배관'의 길이는 보통 10만 킬로미터가 넘고 몸의 크기에 따라 16만 킬로미터를 넘기도 한다.

의사들이 말하는 정상 혈압은 '120/80'으로 표기하고, '120에 80'이라고 읽는다. 앞에 나오는 120이라는 숫자는 수축 시 읽은 값으로, 심장의 심실이 수축해 온몸으로 혈액을 내보낼 때 동맥이 나타내는 최고 압력을 나타낸다. 뒤의 80은 확장기 혈압으로, 심실이 이완되고 혈액이 차오를 때 나타나는 최소 압력이다.

다시 말하면, 심장이 강하게 수축할 때 동맥의 벽에 전해지는 압력이 수은주를 120밀리미터 정도까지 끌어올리고, 심장이 이완되면 80밀리미터 정도로 낮아진다는 얘기다.

혈압은 많은 요소에 영향을 받는다. 나이, 성별, 키, 운동, 수면, 식단(특히 염분), 질병, 비만 혹은 과체중, 약물, 알코올, 흡연, 감정, 스트레스, 소화, 그리고 측정 시간에도 영향을 받는다. 하루 중 대개 오후에 높고 밤에는 낮아진다. 아이들은 키에 따라 혈압이 다르다. 나이가 들면 수축 압력은 올라가고 이완 압력은 약간 내려간다. 대체로 사람들의 혈압은 식단에 들어 있는 염분에 민감하게 반응한다. 음식을 짜게

먹으면 혈압이 올라가는데, 칼륨은 혈압을 낮추는 데 도움이 된다. 가공 식품은 영양 성분표를 보면 얼마나 많은 나트륨(염분)이 들어 있는지 확인할 수 있다.

개인적으로 두 가지 일이 나의 혈압을 치솟게 한다. 첫째는, 알 수 없는 숫자가 가득한 세금 고지서를 마주할 때다. 두 번째는, 문득 백미러를 봤는데 빨갛고 파란 경고등을 켠 경찰차가 내 뒤에 바짝 붙었을 때다.

## 047 음료를 마시다가 웃으면 왜 코로 나올까?

가끔 사람들이 이런 말을 한다. "너무 웃겨서 콜라가 코로 나왔어."

웃긴 농담을 들으면, 물이든 우유든 음료수든 코로 뿜어져 나온다.

음식이나 음료는 식도로 내려가 위에 도착한다. 공기는 기도로 들어가 기관지에서 갈라서 폐로 향한다. 그런데 식도와 기도, 이 두 개의 관은 아주 가까이 붙어 있다. 그래서 마신 음료가 기도로 들어가기도 하는데, 보통 '코로 들어갔다'고 말한다. 기도로 들어간 음료는 대개 코로 배출된다. 완전히 삼켜지지 않은 유동체가 비강을 통해 코로 나오는 현상이다.

이건 사실 의학적으로 위험한 일은 아니다. 하지만 어린이나 십 대라면 몰라도, 어른이라면 위험할 정도로 당황하고 민망할 것이다!

우리 몸에는 이렇게 음식이나 음료가 다른 길로 가지 않도록 방지하는 장치가 있다. 후두개라는 목의 뒤쪽에 있는 일종의 덮개다. 음식을 삼킬 때는 후두개가 후두를 덮는다. 간혹 음식이나 음료를 먹는 중에 웃거나 이야기하면, 후두개가 제대로 덮이지 않아 음식이 엉뚱한 관으로 들어간다. 그리고 코로 뿜어져 나오게 된다.

후두는 기도의 맨 위에 있다. 후두는 우리가 말하고 노래하는 데 필요한 성대도 포함하고 있다. 성대는 음식이나 음료가 닿으면 경련을 일으킨다. 기침은 최후의 방어 수단이다. 만약 음식이 기도에 들어가면 반사적으로 기침이 나와 이물질을 제거한다. 술을 많이 마셔 지나치게

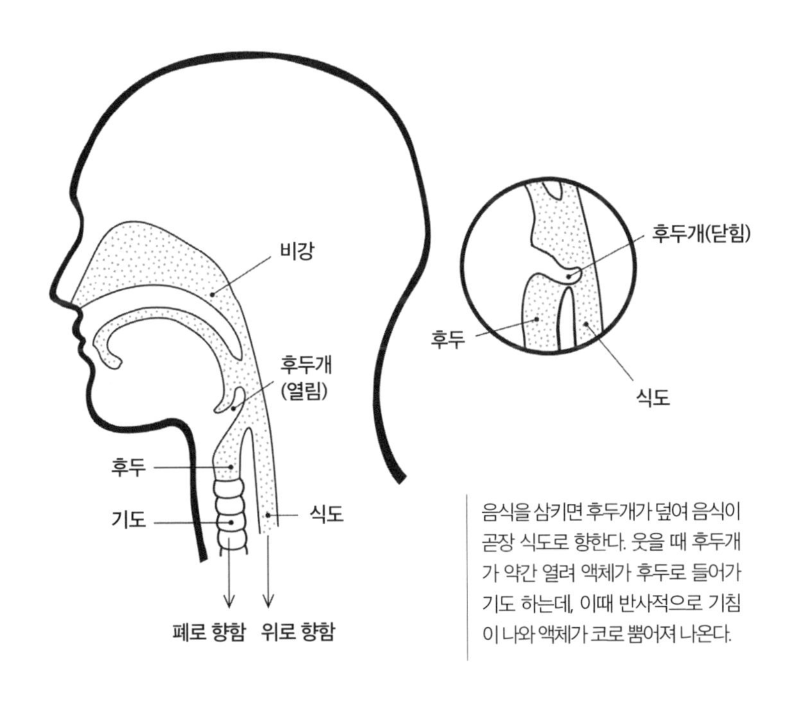


음식을 삼키면 후두개가 덮여 음식이 곧장 식도로 향한다. 웃을 때 후두개가 약간 열려 액체가 후두로 들어가기도 하는데, 이때 반사적으로 기침이 나와 액체가 코로 뿜어져 나온다.

취하면 이 세 가지 체계가 모두 기능을 잃어, 음식과 음료가 기도로 들어갈 경우 질식으로 사망할 위험이 있다.

## 048 우리 몸에는 근육이 몇 개나 있을까?

답은 640~850개 정도로, 어떻게 세는지에 따라 다르다. 근육은 신체의 엔진으로, 에너지를 움직임으로 전환한다. 근육이 없으면 거의 아무것도 할 수 없는데, 말하기, 먹기, 쓰기, 달리기, 춤추기는 모두 근육으로 하는 일이다. 게다가 근육은 숨을 쉬거나 심장을 뛰게 하는 등 생각으로 통제할 수 없는 일도 한다.

근육은 세 가지 신체 체계에 따라 나뉜다. 골격근은 뼈와 얼굴 근육을 움직인다. 이 근육은 작은 줄무늬가 있는 근섬유를 가지고 있어서 가로무늬근이라고 불리며, 우리 뇌가 생각하는 대로 움직여 맘대로근(수의근)이라고도 불린다. 신체 활동이나 운동 경기 등으로 다치게 되는 근육은 바로 이 근육들이다. 남자는 가로무늬근이 몸무게의 44퍼센트를, 여자는 몸무게의 38퍼센트를 차지한다.

민무늬근(평활근)은 위나 장의 벽, 동맥과 정맥의 벽, 그리고 기타 장기에 있다. 제대로근(불수의근)으로 우리 마음대로 움직일 수 없지만, 굳이 우리가 움직이려 하지 않아도 알아서 작동한다. 이 근육들은 자율신경계로부터 신호를 받는다. 자율신경계는 분비선이 혈관으로 직접 호르몬을 분비하도록 하며, 소화기계의 민무늬근들이 장으로 음식을 밀어내도록 한다. 이런 근육은 요도와 방광, 식도, 기관지에도 있다.

심장의 근육, 즉 심근에는 가로무늬근과 민무늬근 조직이 모두 있다. 심근은 나뭇가지 모양으로 그물 조직을 이루는 근섬유로 구성되어 있으며, 근섬유에는 불규칙적 간격으로 띠 모양이 있다. 심장의 자극전도계에 있는 푸르키네 섬유는 다행히도, 완전한 제대로근이다. 굳이 우리가 '생각하지 않아도' 심장은 쉬지 않고 뛴다.

근육의 크기는 다양하며, 일하는 강도도 제각각 다르다. 신체에서 가장 바쁜 근육은 눈을 깜빡이는 근육이다. 우리는 매일 1만 5000~2만 2000번 정도 의식적으로 혹은 무의식적으로 눈을 깜빡인다. 가장 작은 근육은 가운데귀(중이)에 있는 등골근이며, 가장 큰 근육은 대퇴사두근, 즉 허벅지 근육이다.[17]

근육을 과하게 쓰면 세포 안에 있는 산소 농도가 떨어지며 발효 과정을 통해 젖산이 생성된다. 젖산은 근육을 쑤시고 뻣뻣하게 만든다.

근육의 사용은 뼈의 성장에도 영향을 미친다. 메이저리그 투수들을 대상으로 한 초음파 연구를 보면, 투수가 공을 던지는 팔은 공을 던지지 않는 팔보다 뼈가 크고, 30퍼센트 정도 더 강했다.

근섬유는 몸의 다른 세포에 비해 긴 원통형 모양으로 돼 있다. 주로

---

17 전에는 대둔근 즉 엉덩이 근육으로 알려져 있었으나, 최근 연구에 의하면 허벅지 근육이 인체에서 가장 큰 근육이라고 한다.

하는 일은 수축이지만 필요할 때는 이완한다. 근육의 모든 활동은 전기와 연관된다. 뇌는 전기 신호를 근육에 보내 수축과 이완을 하도록 만든다. 그 강도는 신호의 정도에 따라 결정된다.

다발성 경화증(Multiple Sclerosis)은 신경섬유를 통해 이동하는 신호가 반흔조직[18]에 의해 방해받거나 왜곡되는 질병이다. 근육이 점점 위축되어 근력이 떨어지는 병도 있다. 근디스트로피(Muscle Dystrophy)라는 질병인데, 이 병에 걸리면 근육량이 손실된다. 근육이 줄어 점점 약해지는 것이다. 이 병은 대를 이어 전해지는 유전성 질환이다.

## 049 눈은 왜 깜빡일까?

눈 깜빡임은 눈에 수분을 공급하는 행위다. 우리는 이 동작을 1분 동안 평균 10~20번쯤 한다. 불수의적인 행동, 즉 무의식적으로 하는 동작이다. 눈이 감기는 시간은 우리가 인지하지 못할 정도로 매우 짧으므로 시야를 방해하지 않는다. 누구나 눈을 자주 깜빡이기 때문에 이 동작 자체를 인지하지 못하는 경향이 있다. 다른 사람의 동작 역시 마찬가지로 인지하지 못한다.

---

18 외상이 치유된 후에 남은 변성된 조직을 말한다.

평상시 눈의 깜빡임은 의식적으로 깜빡이는 것과는 차이가 있는데, 보통 의식적으로 깜빡일 때는 몇 회를 연달아 눈을 뜨고 감기를 빠르게 반복한다.

눈을 깜빡이는 과정에서 눈꺼풀이 내려와 눈을 덮어 눈이 마르는 걸 방지하며, 눈물샘이라는 작은 관에서 나온 수분이 눈의 표면으로 흐른다. 눈꺼풀에는 속눈썹 사이로 육안으로 보기 힘들 정도로 작은 크기의 눈꺼풀판샘(눈기름샘)이 약 25개 있다. 이곳에서 나온 유분은 눈물샘의 눈물과 섞이게 된다. 그래서 눈을 깜빡이면 농부가 작물에 물을 주듯 안구에 기름과 물이 공급된다.

깜빡임은 눈을 보호하는 역할도 한다. 먼지와 티끌이 안구에 들어오지 못하게 막고, 혹시 안으로 이물질이 들어오면 눈꺼풀이 자동차의 와이퍼처럼 닦아 낸다. 무엇보다 눈의 첫 번째 보호막은 속눈썹이다. 이 구부러진 털들은 공기 중의 먼지가 안구에 들어가지 못하게 잡는 역할을 한다. 소나 말을 자세히 보면 긴 속눈썹을 가지고 있다. 사막에 사는 낙타도 긴 속눈썹이 있어 모래바람으로부터 눈을 보호한다.

깜빡임은 눈의 초점을 맞추는 데도 유용하게 사용된다. 창문을 통해 먼 산을 보다가 문득 정신이 들어 눈앞의 컴퓨터 화면을 바라볼 때 눈을 깜빡이면 안구가 초점을 새로 잡도록 돕는다. 사람들은 눈의 초점이 바뀔 때 더 자주 눈을 깜빡인다.

일본의 과학자들은 《국립과학원 회보》에 눈 깜빡임이 우리의 생각과 주의를 집중하는 데 도움을 준다는 증거를 발표했다. 눈을 깜빡이며 시각 자극을 차단해 정신적으로 휴식을 취하고 주의를 환기한다는 내용이다.

눈을 빠르게 깜빡이는 행동은 초조함을 나타내기도 한다. 눈 깜빡임이 진실을 숨기거나 거짓말을 할 때 나타나는 신체적 반응이라는 연구 결과가 있다.

지나친 눈 깜빡임은 일부 장애와 연관된다. 약의 부작용이나 정신적인 불안 상태를 나타낸다. 피로, 알레르기, 눈꺼풀의 염증, 투렛증후군, 틱장애, 뇌종양 및 발작 등으로 발생하기도 한다.

만성 안구건조증도 지나친 눈 깜빡임을 유발한다. 바람 부는 날 실외에 있으면 눈이 빨리 마른다. 눈물에 있는 기름층보다 수분이 빨리 증발해 생기는 현상이다. 노화, 콘택트렌즈 착용, 특정 약의 복용도 안구건조증의 흔한 원인이다. 안약이나 인공눈물을 넣으면 일시적으로 증상을 완화할 수 있다.

## 050 당황하면 왜 얼굴이 빨개질까?

누구나 경험하는 일이다. 스트레스를 받거나, 겁에 질리거나, 초조해지거나, 창피하거나, 당황하면 일어나는 현상이다. 감정이 격해지면 얼굴이 빨개진다. 누군가 아첨하는 걸 들었을 때, 발표할 때, 갑자기 나에게 시선이 집중될 때처럼 무언가를 의식하는 상황도 포함된다. 화가 나도 같은 현상이 일어난다. 이 모든 상황이 얼굴을 붉어지게 한다.

얼굴이 붉어지는 모든 현상을 과학적으로 답할 수는 없다. 의료계에서는 이 현상을 '투쟁 도피' 반응 및 사회적 행동의 결과로 본다. '투쟁 도피' 반응은 동물들이 위협에 처했을 때 교감신경계가 싸우거나 혹은 도망칠 태세로 전환된다는 이론이다.

하지만 인간의 얼굴 붉힘은 건강이나 생명이 위협받는 상황이 아닌, 사회적 상황에서 비롯된다. 비록 일부는 먼 과거로부터 계승된 특성일지라도, 우리가 얼굴을 붉히는 이유는 동물들과는 달리 소위 도덕적 양심과 연관된다.

이때 우리는 교감신경이 반응해 아드레날린이 더 분비되는 신체적 변화를 겪는다. 교감신경은 불수의적이라 생각대로 통제되지 않는다. 또한 동공이 커져 더 많은 시각 정보를 얻을 수 있게 되고, 혈액을 나르는 피부의 모세혈관이 확장된다. 목이나 팔다리의 혈관에도 혈류가 늘어난다. 심장 박동이 증가하고 호흡이 빨라진다. 얼굴이 빨개지는 까닭은 안면부 혈관이 확장돼 더 많은 피가 흐르기 때문이다.

피부색이 밝은 사람일수록 티가 더 많이 난다. 잉글랜드나 독일 또는 북유럽의 사람들이 대체로 이쪽에 속한다.

다른 이유도 있을 수 있다. 고혈압이 있으면 안색이 붉어지기도 한다. 또 운동할 때 몸에 열이 나면, 신체는 열을 식히기 위해 땀을 배출하고 피부 쪽으로 더 많은 혈액을 보낸다. 알코올도 동맥을 확장한다. 간에 알코올을 분해하는 효소가 없어서 나타나는 알코올 홍조 반응은 아시아인들에게 많이 보이는 현상이다. 독성물질인 아세트알데히드가 혈류에 들어와 피부를 붉게 만든다.

## 051 왜 가족 중 나 혼자만 금발일까?

미국에서 금발은 유아 및 어린이 사이에서 흔한 머리색이다. 검은 머리색을 가진 부모에게 금발 아이가 태어나는 일도 흔하다. 어릴 때 금발이었다가 나이가 들며 색이 어두워지거나 십 대가 되어서 검은색 머리가 되기도 한다.

머리카락의 색은 화학물질인 멜라닌에서 비롯된다. 멜라닌이 많을수록 머리색이 어둡다.

역사적으로 볼 때, 머리색은 지역과 연관돼 있다. 남유럽, 북아프리카, 중동, 아메리카 사람들은 짙은 갈색 혹은 검은색 머리가 난다. 중유럽 사람들은 밝은 갈색 머리가 흔하다. 영국, 아일랜드는 금발, 노란 머리, 그리고 붉은 머리가 일반적이다. 리투아니아는 인구 중 금발의 비율이 가장 높은 나라다. 오늘날까지도 노르웨이, 핀란드, 스웨덴, 덴마크, 네덜란드 같은 북유럽에는 금발이 많다.

2003년 무렵 완성된 인간게놈프로젝트는 인간 DNA에 약 2만~2만 5000개 유전자가 있음을 밝혀냈다. 또 그 DNA를 이루는 30억 쌍의 염기 배열을 분석했다. 우리의 머리색을 결정하는 데 관여하는 두 쌍의 유전자와 몇몇 특정 염색체 부분도 이 연구를 통해 알려졌다.

인간이 가진 유전자는 한 쌍의 대립 유전자로 구성되며, 대립 유전자는 열성과 우성으로 나뉜다. 한 쌍이 한쪽은 우성 갈색 머리, 한쪽은 열성 금발로 구성되는 식이다. 머리가 갈색인 사람은 대립 유전자 양쪽 모두가 갈색 머리일 수도 있고, 한쪽은 갈색 머리 형질, 한쪽은 금발 형질일 수도 있다. 그래서 부모가 모두 갈색 머리라도 아이가 금발일 수 있는 것이다. 두 사람이 모두 발현되지 않은 열성의 금발 대립 유전자를 가지고 있고, 각각 아이에게 그 대립 유전자를 물려주는 경우다. 빨간 머리의 유전자도 마찬가지다.

하지만 이는 아이들이 나이가 들면서 왜 머리색이 바뀌는지에 대한 설명으로는 부족하다. 유전적인 설명이 부족하다면, 환경적인 요소가 연관됐을 수 있다. 강한 햇빛은 머리카락의 색을 밝게 만든다. 실외에서 많이 노는 아이들은 여름이 끝날 때쯤 머리가 창백한 금발로 변했다가 겨울에 새로운 머리가 자라며 다시 원래 색으로 돌아오기 시작해, 크리스마스 무렵에는 갈색 머리가 되기도 한다.

하지만 여전히 남은 의문이 있다. 바로 철자다. 왜 어떤 사람은 금발을 'blond'라고 쓰고, 어떤 사람은 'blonde'라고 쓸까? 둘 다 맞다. 'blond'는 남성에게, 'blonde'는 여성에게 쓰는 단어이기 때문이다.

## 052 우리 눈은 왜 나빠질까?

무슨 기분인지 안다. 나도 초등학교 2~3학년 때 학급에서 유일하게 안경을 썼다. 물론, 위스콘신주의 변두리 학교는 한 반에 학생이 겨우

넷뿐이긴 했다. 나는 18개월 정도 안경을 썼었는데, 행운이 찾아왔다. 학교 소프트볼 경기장 홈플레이트 근처에 고인 물이 추운 날씨에 얼어서 생긴 조그만 빙판에서 넘어진 것이다. 지름 2미터 정도였던 그 빙판은 아이들에게는 미니 스케이트장이었다. 우리는 빙판을 더 미끄럽게 하려고 얼음에 눈을 뿌리기도 했다.

어린 스케이트 꿈나무에게 빙판이 너무 미끄러웠는지 나는 꽈당 넘어졌고, 안경 렌즈 한쪽이 빠졌다. 당시 안경 렌즈는 플라스틱이 아니라 진짜 유리로 만들었다. 아빠와 엄마는 나를 으레 혼내신 뒤 안과에 데려갔고, 시력검사를 다시 받게 하셨다. 그리고 의사 선생님은 내가 안경을 쓸 필요가 없다고 하셨다! 내가 넘어질 때 홈플레이트 근처에 한 줄기 빛이 비친 듯하다.

우리에게 익숙한 시력검사표는 미국 남북전쟁 당시 네덜란드의 안과 의사 헤르만 스넬런이 제작해, 스넬런 시력검사표로 불린다. 안경을 쓰지 않고 크기 20의 글자를 읽으면, '보통' 시력을 의미하는 '20/20'으로 표기한다. 앞에 쓴 20은 20피트로 시력검사표까지의 거리를 뜻하며, 고정된 값이다. 만약 어떤 사람의 시력이 20/40이라면, 그가 20피트 거리에서 읽는 글자를 보통 시력의 사람은 40피트 거리에서 읽을 수 있다. 눈이 나쁘다는 말이다.

전투기 및 테스트 파일럿으로서 음속을 돌파한 척 예거의 시력은 20/10이다. 그는 20피트 거리에서 크기 10짜리 글자를 읽을 수 있었다. 보통 시력인 사람이 10피트 거리로 다가가야 보이는 크기다. 아주 빼

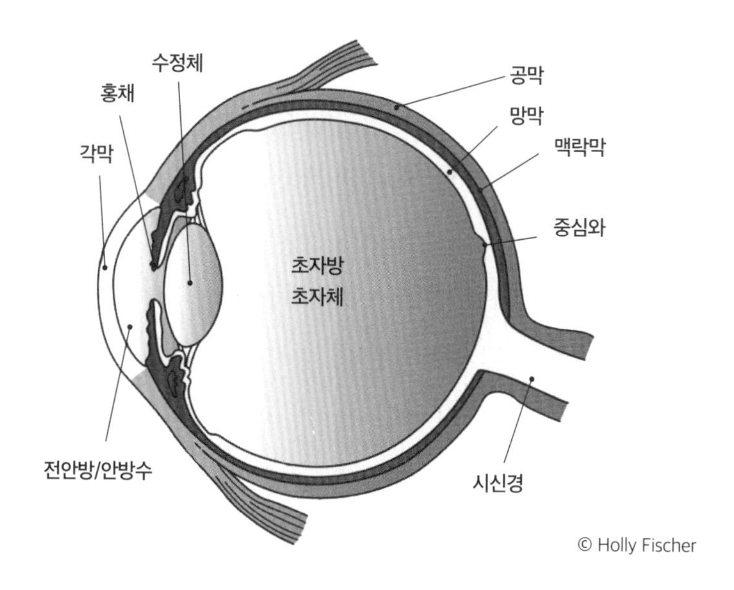


어난 시력이다.[19]

안경을 쓰는 아이들 대부분은 멀리 있는 물체가 흐릿하게 보이는 근시에 해당한다. 이는 눈의 각막과 수정체가 망막의 앞쪽에 초점을 형성하는 현상이다. 망막은 안구 뒤편을 덮고 있는 조직으로 빛을 느끼는 시세포가 분포하고 있다. 근시도 책을 읽거나 컴퓨터 화면을 보는 등 가까운 거리의 시야는 괜찮다.

근시를 교정하는 렌즈는 대개 오목하다. 가운데 부분이 얇고 주변부가 두껍다. 원시의 경우는 정반대다. 원시는 각막과 수정체가 들어오는 빛을 충분히 굴절시키지 못해 초점이 망막 뒤에 잡힌다. 멀리 있는 물체는 잘 보지만 가까운 물체는 잘 보지 못한다. 이때는 렌즈의 가운데

19 20은 8.75밀리미터, 10은 4.38밀리미터 정도의 크기이며, 1피트는 30.48센티미터이다.

가 두껍고 주변부가 얇은 볼록렌즈를 착용한다.

안경을 착용해야 하는 다른 시각 장애로는 난시가 있다. 눈의 앞면인 각막이 둥글지 않고 약간 타원형이어서 일어나는 현상이다. 난시는 눈으로 들어오는 빛이 각도에 따라 다르게 굴절된다. 난시인 사람은 시야가 왜곡된다. 난시는 렌즈를 착용하여 교정할 수도 있고 레이저 수술로 바로잡기도 한다. 레이저로 각막을 살짝 깎아서 모양을 고친다.

근시, 원시, 난시 같은 굴절 이상을 교정하는 레이저 수술에는 두 가지 종류가 있다. 흔히 엑시머 레이저 수술로 불리는 굴절교정 레이저 각막절제술(PRK, Photo-Reflective Keratectomy)과 라식(LASIK, Laser In Situ Keratomileusis)이다. 레이저 각막절제술은 상피조직부터 각막 내층 조직까지 모두 제거하지만, 라식은 내층의 조직만 제거한다. 각막의 상피를 절개한 뒤 젖혀 내부 조직을 노출시킨 뒤, 레이저로 조직을 필요한 만큼 제거하고 상피를 다시 덮어 아물게 하는 것이다.[20]

아이와 어른 모두에게 해당하는 시력 보호 방법이 있다. 장시간 외출 시 자외선 차단 선글라스를 쓰는 것이다. 연구에 의하면 선글라스를 쓰는 습관이 노후에 백내장에 걸릴 확률을 크게 낮춘다고 한다.

---

20 시력 교정술에는 라섹 수술(LASEK, Laser Assisted Sub-Epithelial Keratomileusis)도 있는데, 희석된 알코올을 이용하여 각막상피편을 만들어 젖힌 후 각막을 절삭하는 방법이라고 한다.

## 053 왜 헬륨을 마시면 목소리가 가늘어질까?

우리는 성대로 공기를 진동시켜 소리를 낸다. 우리 목소리의 높이와 음정, 진동수(다 같은 말이다)는 몇 가지 요소에 따라 달라진다. 목소리가 낮은 사람은 긴 성대를 가지고 있어 음정이 낮다. 소프라노 같은 목소리를 가진 사람은 성대가 짧아 음정이 높다. 우리 몸의 해부학적 배치도 목소리를 결정하는 또 다른 요소다. 우리가 호흡하는 공기, 즉 산소와 질소의 혼합물도 요소 중 하나다. 이처럼 우리의 목소리는 후두, 기도, 입, 콧구멍의 모양과 크기, 성대의 길이, 우리가 마시는 기체의 농도 같은 많은 요소로 결정된다.

헬륨의 밀도는 공기의 7분의 1이다. 소리는 공기를 통할 때보다 헬륨을 통할 때 더 빠르게 전달된다. 수치로 따지자면, 소리는 공기 중에서 1초에 340미터쯤 이동하고, 헬륨에서는 1초에 1000미터쯤 이동한다.

성대의 떨림은 주변 기체에 영향을 받지 않는다. 헬륨이 성대 자체를 긴장 혹은 이완시키지 않는다. 성대를 길거나 짧게 만들지도 않는다. '도널드 덕 현상'은 단지, 후두를 통과하는 음파의 매개체 역할을 하는 헬륨의 밀도가 낮아 일어나는 현상이다. 성도의 공명 진동수가 바뀌어, 떨림이 빨라지고 음이 높아질 뿐이다.

흔히 생일이나 파티가 있을 때, 풍선에 들어 있는 헬륨을 마시고 도널드 덕 소리를 내며 놀곤 한다. 하지만 주의할 게 있다. 1966년 건강한 열세 살 소년이 압축 탱크에 있는 헬륨가스를 직접 흡입했다. 그리고 혈관을 통해 기포가 뇌로 들어가 가스색전증[21]을 일으켜 죽기 직전 상태가 됐다. 의사들은 그 소년을 수중 잠수부들이 잠수병에 걸리면 사용하는 고압실에 넣었고, 운 좋게도 완전히 회복되었다.

2012년 2월 오리건주의 열네 살 난 소녀는 압축 헬륨을 마시고 사망했다. 탱크에서 헬륨이 너무 강하게 나와 폐가 파열된 것이다. 그러니 절대로 헬륨 탱크 노즐을 입에 직접 갖다 대면 안 된다! 또, 헬륨 탱크 안에 아주 작은 철 입자가 들어 있을 수 있는데, 폐에 들어오면 다시 나가지 않고 그대로 머무른다. 중금속을 들이마시는 거다!

반면 6불화 유황 같은 기체는 공기보다 밀도가 다섯 배 높아, 우리 목소리를 제임스 얼 존스[22]처럼 아주 낮게 만든다.

## 054 눈의 동공은 왜 까만색일까?

누군가 말년의 알버트 아인슈타인에게 성공의 비결에 관해 물었다. 그가 답했다. "끊임없이 단순한 질문들을 던지는 것입니다. 지금도 마

21 가스가 혈관을 막음으로써 일어나는 색전증을 말한다.
22 영화 〈라이온 킹〉의 무파사 목소리를 연기한 흑인 배우다.

찬가지입니다." 언뜻 보면, 동공이 왜 까만색인지에 관한 질문도 아주 단순하다. 하지만 대답은 꽤 복잡할 수도 있다.

동공은 홍채의 중앙에 있는 구멍으로, 이곳을 통과한 빛이 수정체를 지나 망막에 집중된다. 눈동자 색과 상관없이 동공은 모두 까맣다. 동공을 지나 눈으로 들어가는 빛이 반사되지 않고 모두 흡수되어야 하기 때문이다.

만약 동공이 빨간색이라고 가정해 보자. 백색광(햇빛, 백열광, 형광등)은 빨, 주, 노, 초, 파, 남, 보의 일곱 가지 색을 모두 포함하고 있다. 빨간 동공은 빨간색 빛을 반사해 눈으로 들어오지 못하게 한다. 그러면 우리가 보는 모든 색이 왜곡되고, 영원히 스테인드글라스를 통해 세상을 보는 꼴이 된다. 동공이 반드시 검은색이어야만 우리가 빨간색부터 보라색까지 모든 스펙트럼의 색을 볼 수 있다는 말이다.

일반적인 빛 조건 아래서 동공의 지름은 약 4밀리미터다. 빛이 밝은 장소에서는 약 3밀리미터로 수축하고, 빛이 희미한 장소에서는 약 8밀리미터로 확장된다. 동공의 크기는 심도에 따라 변화한다. 심도는 어떤 물체를 선명하게 볼 수 있는 거리의 범위를 말한다. 동공의 구멍이 작으면 심도가 높아진다. 사람들이 잘 안 보일 때 눈을 찡그리는 이유다. 사진작가들이 카메라의 조리개를 조절하는 것과 비슷한 원리다.

## 055 일란성 쌍둥이는 지문도 같을까?

많은 사람들이 하는 질문이다. 대답은 '아니오'다. 우리의 DNA에는 개개인을 구분해 주는 요소들이 포함되어 있다. 그런데도 일란성 쌍둥이들은 구분하기 매우 어려운데, 그 이유는 하나의 난자가 수정된 뒤 둘로 갈라져 형성됐기 때문이다. 하지만 지문은 유전 요소 하나로 결정되지 않는다. 일란성 쌍둥이는 유전자 구성도 같고 그만큼 외모도 닮았지만, 사람들이 봤을 때, 특히 그 부모들은 확실히 구별할 수 있을 만한 세세한 차이가 있다. 키와 몸무게, 체형, 반사반응, 신진대사 및 행동(표현형)은 사람의 개별 유전자 및 자연(환경)과의 상호작용으로 결정된다. 쌍둥이들의 지문도 마찬가지다.

이는 아주 오래전부터 지속해 온 '선천 대 후천'에 관한 질문 중 하나다. 사람은 유전(선천)에 얼마나 영향을 받으며, 환경(후천)에 의해 결정되는 요소는 얼마나 될까? 환경은 한 아이가 자라나는 가정의 상태를 말한다. 무엇을 먹고, 어떻게 자고, 형제자매는 몇 명이며, 마시는 공기는 어떤지, 간단히 말해 그 아이를 둘러싼 모든 것을 의미한다.

아주 재미있는 사실은, 지문이 아기가 엄마 배 속에서 성장할 때 만들어진다는 것이다. 당시 아기의 혈압이나 영양 상태, 자궁 속 위치, 첫 3개월 동안 손가락이 얼마나 빨리 자라는지도 중요한 영향을 끼친다. 지문의 형태는 표피의 가장 아래층인 기저층이 압박을 받아 생긴다. 기저층은 주변의 다른 면들보다 빨리 형성돼, 여러 방향으로 휘어지고 접히며 복잡한 무늬를 형성한다. 말 그대로 무작위다.

일란성 쌍둥이들의 지문은 상당히 비슷하지만, 아치나 소용돌이, 고리 등의 무늬에 차이가 있다. 지문은 자궁에서 받는 압력에 따라 무작위로 형성되는데, 심지어 탯줄의 길이도 영향을 끼친다. 그래서 지문은 손가락마다 다른 모양을 하고 있다. 1934년 캐나다 온타리오의 디온 가문에서 무려 다섯 쌍둥이가 축복을 받으며 태어났다. 이 다섯 명의 일란성 여아들은(DNA 동일) 지문과 손금이 모두 달랐다.

덧붙여, 이란성 쌍둥이들은 두 개의 난자가 따로 수정되어 태어난다. 이란성 쌍둥이는 일반적인 형제자매와 큰 차이가 없다. 단지 우연히 동시에 엄마 배 속에서 자랐을 뿐이다.

## 056 방사선에 노출되면 왜 요오드 알약을 먹을까?

요오드화칼륨(KI)으로 된 요오드 알약은 갑상선을 암으로부터 보호한다. 갑상선은 방사선 양이 과도할 때 가장 많이 위협을 받는 기관이다. 갑상선은 목젖 근처에 있는 나비 모양의 내분비기관으로, 후두와 기도를 감싸고 있으며 신진대사와, 체온, 신체 성장, 뇌의 발달을 조절한다.

갑상선은 요오드를 사용해 갑상선호르몬을 만든다. 하지만 일반 요오드와 방사성 요오드, 즉 동위원소 요오드131을 구분하지 못한다. 요오드 알약을 먹는 목적은 갑상선의 수용체를 좋은 요오드로 가득 채워, 나쁜 방사성 요오드가 들어오지 못하게 하는 데 있다. 아이와 태아는 세포의 분열이 어른들보다 훨씬 빨라 방사선 노출 시에 훨씬 더 위험하며, 요오드 수치가 낮은 사람도 갑상선암에 걸릴 확률이 높다.

요오드화칼륨은 심각한 부작용이 있을 수 있다. 침샘에 손상을 주거나, 알레르기 반응을 일으키거나, 심한 소화불량을 일으킬 수 있는 것이다. 또한 요오드 알약만으로는 다른 암을 예방하거나, 신체의 다른 기관을 보호하지 못한다.

요오드 알약은 방사선 노출 전이나 직후에 바로 복용해야 효과적이다. 1986년 체르노빌 원전 사고 당시, 정부 당국이 요오드 알약 배포까지 일주일 넘게 시간을 지체하는 바람에 사람들의 갑상선에 방사성 요오드가 축적되었다. 하지만 방사성 요오드가 모두 나쁜 건 아니다. 갑상선암이나 다른 갑상선 질병의 치료에 쓰이기도 한다. 그러나 이 치료를 받는 환자들은 주변 사람과 접촉하지 않도록 해야 한다.

요오드가 부족한 지역에서는 갑상선이 커지거나 갑상선종이 생길 수 있다. 갑상선종은 갑상선의 비대로, 종종 목 부위에서 두드러지게 나타난다. 위스콘신주 시골 언덕에 있는, 교실이 하나뿐인 학교에 다녔던 나와 친구들은 보라색 '갑상선종 알약'을 매주 금요일마다 먹었다. 오대호 주변의 토양은 요오드가 충분하지 않았기 때문이다.

모턴 소금 회사는 1924년부터 요오드를 소금에 섞기 시작했다. 현재 식용 소금 1톤에 섞는 요오드화칼륨에 드는 비용은 1달러가 조금 넘는다.

1950년대와 1960년대 초반 출생한 사람들은 광범위한 방사선 노출에 영향을 받아, 뼈와 치아의 스트론튬90(스트론튬의 방사성 동위원소)의 수치가 높다. 당시 미국과 소련은 핵실험에 열을 올렸고, 핵폭탄422를 대기에서 폭발시키는 실험을 진행했다. 높은 고도에 뿌려진 방사선 물질들은 제트 기류를 타고 지구를 몇 바퀴 돈 뒤 결국 땅에 내려앉았다. 소가 풀을 뜯고, 아이들이 그 우유를 마시는 식으로 스트론튬90이 뼈와 치아에 축적됐다. 스트론튬은 주기율표에서 칼슘 바로 밑에 있는데, 스트론튬90은 체내에서 칼슘과 같은 곳에 자리 잡아, 골암과 골수암, 백혈병을 일으킨다. 다행히도, 1963년 '부분적 핵실험 금지 조약'이 체결돼 대기 중 폭발 실험은 거의 막을 내렸다.

## 057 부검은 무엇이며 어떻게 할까?

부검은 사람이 어떤 원인으로 어떻게 사망했는지 알기 위해 질병 혹은 부상 등을 검사하는 절차다. 시신을 대상으로 한 진단으로 검시관 혹은 법의학자들이 진행한다.

부검은 독사나 익사 사건에서 살인이 의심될 때 시행하기도 한다.

살인, 자살, 약물 과다 복용, 영아 돌연사 증후군도 부검의 대상이다. 또 사전에 의학적 진단이 내려지지 않았을 때, 또는 연구를 목적으로 진행되기도 하며, 사망 원인이 보험 혹은 법적 문제에 영향을 끼칠 때도 시행한다.

대부분 부검은 법의학자들이 시행한다. 시신은 시신운반용 부대 혹은 살균 시트로 감싼 상태로 검시실이나 병원에 도착하며, 부검이 즉시 이루어지지 않으면 냉장 안치실에 보존된다. 부검의 모든 과정은 서류 및 사진, 음성으로 기록된다. 먼저 시신의 외부를 검시한 다음 무게를 재고, 필요하면 엑스레이 촬영도 한다.

내부 장기 검사는 먼저 양쪽 어깨에서 복장뼈까지 자른 후 몸통을 갈라 Y자 형태로 절개하는 것으로 시작한다. 검시관은 피부, 근육, 연조직을 벗겨 내고 양쪽 흉곽뼈를 자른다. 양쪽 흉곽의 앞면을 들어내면 내부 장기가 드러난다. 후두, 방광, 곧창자(직장), 척주(脊柱)를 잘라 분리한 뒤, 전체 장기를 한 번에 하나씩 꺼내 검사한다. 검시관은 장기의 무게를 재고 해부한 뒤 검사를 위한 조직 샘플을 채취한다. 뇌는 척수에서 끊어 낸 뒤 따로 분리해 검사한다.

부검은 3~6시간 정도 걸리며 전체 과정 동안 검시관은 외상의 흔적이나 사인을 찾는다. 부검이 끝나면 장기를 몸 안에 다시 넣거나 소각하고, 흉곽을 제자리에 돌려놓은 뒤 절개 부위를 꿰맨다. 두개골도 제자리에 위치시키고 두피를 꿰맨다. 관을 열고 치르는 장례식을 해야 한다면 검시관이 '성형 부검'을 하기도 한다.

죽은 사람의 가족이 부검을 요청할 수는 있지만, 비용을 내야 한다.

부검 결과는 보험금 집행에 영향을 끼칠 수 있고, 법적 증거로 사용될 수 있다.

내가 사는 위스콘신주 먼로카운티의 지역검시사무소에 따르면, 연평균 일곱 구 정도의 시신이 부검을 위해 주도인 매디슨에 보내진다고 한다. 그리고 우리 행정구에서 건당 1300달러를 낸다. 부검 시행은 경찰과 검찰이 제공한 정보를 바탕으로 검시관이 결정한다.

1963년 케네디 대통령이 암살됐을 때, 연방기관이 시신을 수습하고 조사했는데, 대통령의 시신을 법의학자가 검시하지 않아 논란을 일으켰다. 일부에서는 검시가 잘못됐다고 주장했다. 현재는 군 병리학연구소에서 인정한 병리학자만 연방 사건을 조사할 수 있도록 법으로 제정되어 있다.

4장

# 땅과 바다, 하늘에 대한 궁금증을 풀어 보자

## <u>058</u> 뇌우는 왜 대부분 오후에 일어날까?

아주 좋은 관찰력이다. 뇌우(번개와 천둥을 동반한 폭풍우)는 내가 사는 중서부를 포함한 미국의 많은 지역에서 늦은 오후나 초저녁에 일어난다. 아침 시간대는 지표면 근처의 공기가 습하고 시원하다. 해가 뜨면 지면의 온도가 오르며 그 위의 공기를 데우고 이슬 형태로 있던 수분을 공기 중으로 증발시킨다.

낮의 가장 더운 시간대에는 뜨거워진 공기가 상승하며 가장 불안정한 상태가 된다. 따뜻한 공기는 상승하는 과정에서 식는다. 차가워진 공기는 더운 공기만큼 수분을 가지고 있지 못한다. 그래서 포화수증기량이 감소하면 상대습도가 치솟는다. 상대습도는 공기가 현재 포함하고 있는 수분량과 공기가 포함할 수 있는 최대의 수분량, 즉 포화수증기량의 비를 일컫는다. 상대습도란 결국 습하고 건조한 정도를 나타내며, 최대치를 습도 100퍼센트로 표기한다.

이때에는 이슬점 온도도 내려간다. 이슬점이란 공기가 더는 증기 상태의 수분을 가지지 못하게 되는 온도다. 이슬점에 도달하면 증기(기체)가 액체 상태의 물로 응결된다. 특정 고도, 대개 305미터 정도가 되면 공기 안의 증기가 먼지나 산소 분자와 응결해 눈에 보이는 물방울이 된다. 그리고 이 작은 수분 방울들이 모여 구름이 된다.

이런 응결 현상이 가장 낮은 고도에서 일어난 것이 주로 여름에 보이는 하얀 뭉게구름의 아랫면이다. 이 구름은 공기의 상승과 응결이 충분히 일어나면 뇌우를 만드는 적란운이나 소나기구름이 된다. 이렇게 소나기구름이 형성한 선을 스콜선(squall line)이라고 한다. 뇌우가 형성되려면 수분과 불안정한 공기, 상승기류가 필요하다. 뇌우는 평균 지름 24킬로미터로, 30분 정도 지속한다. 매 순간 뇌우는 전 세계 약 2000곳에서 발생하고 있다. 시속 160킬로미터가 넘는 바람을 동반하기도 한다. 매년 미국에서만 평균 53명이 낙뢰로 사망한다.

## 059 눈은 왜 하얀색일까?

눈은 얼음 결정 여러 개가 함께 뭉쳐 복잡한 배열을 이루고 있다. 눈이 왜 하얀지 이해하려면 빛이 어떤 물체에 부딪힐 때 일어나는 현상을 이해해야 한다. 눈의 흰색을 포함한 모든 색은 빛과의 상호작용으로 나타난다.

무지개를 구성하는 가시광선의 색은 빨강, 주황, 노랑, 초록, 파랑, 남색, 보라색이다. 이 일곱 가지 색은 앞서 말했듯이 아이작 뉴턴이 정립했다. 빛의 광자가 물체에 닿으면, 튕겨져 나오거나(반사), 흩어지거나(산란), 통과해 버리거나(투과), 에너지를 잃는다(흡수). 잔디가 녹색인 이유는 다른 빛은 모두 흡수해 버리고 반사한 색(녹색)이 우리 눈에 들어오기 때문이다. 빨간 사과는 우리 눈에 빨간색을 반사하고 다른 모든 빛의 파장은 흡수해 버린다.

빛이 눈(雪)으로 들어가면 얼음 결정과 공기주머니를 때리며 여기저기 튕기다가 일부(가시광선)가 다시 밖으로 나온다. 눈은 모든 색을 반사한다. 단 하나의 색, 즉 어떤 빛의 파장도 흡수하거나 투과하거나 산란하지 않는다. 모든 빛의 파장이 합쳐지면 흰색이 된다. 그래서 눈에 부딪힌 모든 빛이 다시 반사되면서 합쳐져 흰색의 빛이 된다.

나는 몇 년 전 알래스카 주노에 있는 명소, 멘덴홀 빙하를 방문했다. 그곳의 빙하는 푸른색이었다. 빙하는 눈이었을 때 빛을 산란하던 수많은 공간이 없어지고 단단하게 다져져 형성된다. 그래서 빛은 눈으로 들어갈 때보다 얼음에 들어갈 때 더 깊이 침투한다. 빛이 깊이 침투할수록 스펙트럼의 가장자리에 있는 파장이 긴 붉은빛은 흩어지고 결국 소멸하여, 남아 있는 파란색만 우리에게 반사된다. 그래서 얼음은 아름답고 은은한 푸른색을 띤다.

지금까지 기록된 미국 내 연중 최대 강설량은 2만 8956밀리미터로 1998~1999년 겨울에 워싱턴 북서부 마운트베이커 스키 리조트에 내린 폭설이었다.

눈은 아름답다. 세상을 하얗고 순수한 담요로 덮어 버린다. 수많은 공기주머니가 토양에 좋은 영향을 끼쳐 농부에게 도움을 준다. 눈 자체는 차갑지만, 눈이 가진 공기가 대지에 단열작용을 해서 씨앗을 보호하고 땅이 깊은 곳까지 얼어붙는 걸 방지한다. 높은 산에 내린 눈은 나중에 녹아 저수지에 물을 공급한다.

어린 시절 농장에 살았을 때, 아버지는 4월이면 귀리를 심었다. 한번은 귀리가 7센티미터쯤 자랐을 때 꽃샘추위 눈보라가 쳐서 눈이 10센티미터도 넘게 쌓였다. 난 귀리가 다 죽었을 거라고 생각했다. 그런데 이상하게도 아버지는 신경 쓰지 않으셨다. 지나고 나니 그해 귀리는 우리가 길렀던 귀리 중 가장 최상품이었다. 당시 아버지께서는 눈이 땅에 질소를 공급한다는 말씀을 하셨는데, 실제로 수분은 작물 묘목이 토양의 질소를 흡수하는 데 도움을 주므로 일리 있는 말씀이었다.

## 060 그레이트솔트 호수에는 왜 소금이 있을까?

그레이트솔트 호수는 물이 빠져나가는 길이 없는 내부배수호[23]라 물이 짜다. 그레이트솔트 호수에 흘러드는 강물은 비록 짜지는 않지만 적은 양의 소금이 용해돼 있다. 물은 갈 곳이 없어 대부분 호수의 수면에서 증발하고 소금만 남아 축적된다. 그렇게 호수로 흘러드는 세 개의 강이 매년 100만 톤이 넘는 미네랄을 남긴다. 산에서 흘러내리는 물

23 물이 다른 하천으로 흘러들거나 지하로 스며들지 않고 증발에 의해서만 손실되는 호수를 말한다.

이 바위와 토양에 있던 무기염을 용해해 나르기도 한다.

미국 중서부에 있는 그레이트 호수군(호수들이 모여 있는 곳)도 나가는 물길이 없었다면 물이 짤 뻔했다. 다행히도 이 호수군은 세인트로렌스 수로를 통해 대서양으로 흘러간다.

유타주 북부에 있는 그레이트솔트 호수는 서반구에서 가장 큰 염호(salt lake)다. 호수의 면적은 강수량과 강설량에 따라 수시로 변한다. 가장 작았을 때 면적은 1963년 2590제곱킬로미터였고, 가장 컸을 때 면적은 1987년에 기록한 7770제곱킬로미터다. 호안선도 계속 변한다. 여름에는 물이 많이 증발해 상대적으로 호수가 작지만, 봄에는 눈이 녹아 물이 많아진다. 그래서 그레이트솔트 호수의 호안선은 개발되지 않은 채로 남아 있는데, 광범위한 습지가 철새들을 매혹한다.

소금 때문에 그레이트솔트 호수의 물은 인간의 몸보다 밀도가 높다. 그래서 사람이 코르크처럼 둥둥 떠다닐 정도다. 물이 너무 짜서 물고기는 살지 못하고, 브라인슈림프(동물 플랑크톤의 일종)와 일부 조류(藻類)만 산다. 요세미티 국립공원 바로 동쪽에 있는 캘리포니아주의 모노 호수도 염호다. 저지대에 있는 내부배수호로 역시 물이 빠져나가는 길이 없다.

그런데 지구상에서 어떤 수역이 가장 짤까? 바다의 염도는 3.5퍼센트고, 그레이트솔트 호수는 5~25퍼센트다. 그리고 모노 호수의 염도는 10퍼센트다. 염도가 이보다 더 높은 수역은 요르단과 이스라엘 사이에 있는 사해다. 염도가 31.5퍼센트이며, 수면이 해수면보다 약 430미터나 낮은 세계 최저 수역이다. 참고로 캘리포니아주의 데스밸리는 해수면보다 86미터 낮다. 하지만 '가장 짠' 수역의 영광은 남극의 돈 후안

연못이 차지했다. 이곳은 사해보다 무려 여덟 배나 더 짜다!

## 061 자연 상태에서 가장 낮은 온도는 몇 도일까?

열역학적으로 가능한 최저온도는 절대 영도라고 하며, 0K(켈빈)으로 표기한다. 섭씨(℃) 영하 273.15도, 화씨(°F) 영하 459.67도와 같다. 이는 자연 상태에서는 도달이 불가능하며, 실험실에서 여러 장비를 갖추어도 그에 근접만 할 수 있는 온도다.

온도는 분자의 평균 운동에너지를 측정한 값이다. 물체 안 분자의 움직임 혹은 진동이 클수록 온도도 높다. 우주 공간은 진공 상태이므로 온도를 측정할 수 없다. 우주를 떠다니는 소량의 입자들은 절대 영도에 가까운 3K 정도일 것이다.

지구의 어떤 장소도 절대 영도에 근접하지 못한다. 지구에서 기록된 역대 가장 낮은 온도는 영하 89도로 1983년 7월 21일 남극의 소련 기지 보스토크에서 측정됐다. (남반구는 7월이 겨울이다.) 미국의 역대 최저기온은 1971년 1월 23일 알래스카 프로스펙트크리크 캠프에서 측정한 영하 62도다. 프로스펙트크리크는 북극권 북쪽에 있는 알래스카 송유관이 지나는 지역이다. 서로 인접해 있는 미국 본토 48개 주에서 기록된 최저기온은 영하 57도로 1954년 1월 20일 몬태나주의 로저스패스에서 기록됐다.

내 수업을 비롯한 많은 물리 수업에서는 액체질소를 이용한 실험을 많이 한다. 액체질소의 온도는 화씨 영하 321도, 즉 섭씨 영하 196도다. 한 실험에서는 일정 부피의 속이 빈 스테인리스 구체를 액체질소를 포함한 네 가지 다른 액체에 넣고 구체 내부의 공기 압력을 측정했다. 압력 대 온도의 그래프를 만들어, 외삽법[24]으로 절대 영도에서의 압력 값을 구해 보기도 했다. 또 액체질소로 아이스크림도 만들고, 풍선이나 꽃, 고무공 등의 물체를 액체질소에 넣어 물질의 변화를 관찰했다. 극도로 차가운 금속 조각 위에 자석을 띄워 초전도[25]에 대해 알아보기도 했다. 이 금속 조각은 체스판의 격자 한 칸 크기로 이트륨, 바륨, 구리로 만들어진 것이다. 이것은 영하 196도(화씨 영하 320도 혹은 77K)로 냉각하니, 전류 저항성을 모두 잃고 초전도체가 되었다.

자기 부상은 마이스너 효과(Meissner effect)[26]로 일어난다. 자석 주위에는 자기장이 생긴다. 이 자기장이 금속 조각에 전류를 유도하면, 금속 조각 주위에도 자기장이 발생한다. 이렇게 자석과 금속 조각에서 나오는 두 개의 자기장이 서로를 밀어내 자석이 공중에 뜨는 부상 현상이 일어난다.

---

24 주어진 데이터의 경향을 보고 미래 또는 과거의 값을 추정하는 방법이다.

25 매우 낮은 온도에서 전기저항이 0에 가까워지는 현상을 말한다.

26 초전도체 속에 자기력선이 들어가지 못하는 현상을 말한다. 초전도체는 자기력선을 통과시키지 않고 초전도체의 외부로 밀어내는 성질이 있다.

## 062 왜 지평선은 하늘과 땅이 맞닿은 것처럼 보일까?

우리가 사는 세상은 아름답고도 놀랍다. 그리고 가끔 왜곡돼 보이기도 한다. 하늘과 땅이 맞닿은 곳은 어디일까? 일단은 지평선이 하늘과 땅이 만나는 지점이라 가정해 보자.

미국 아이들은 그림을 그릴 때 기본적으로 하늘은 파란 선으로, 땅은 갈색 선으로 표현하고, 나머지는 여백으로 둔다. 대개 그림 속 파란 하늘은 땅에 닿아 있지 않다. 그래서 선생님들은 가끔 아이들을 데리고 나가 하늘과 땅이 만나는 모습을 보여 주기도 한다.

보이는 대로 믿기는 쉽지 않다. 하늘은 고개를 들어야 보인다. 하지만 먼 곳을 보면 하늘은 땅에 맞닿아 있다. 이는 모두 원근법의 문제다. 오래전 해안가에 살던 사람들은 배들이 항구에서 떠나는 모습을 자주 봤다. 그리고 수평선 너머 마지막으로 사라지는 배의 모습은 돛의 끝 부분이었다. 지구가 둥근 구체라는 증거 중 하나다.

자연은 다른 방법으로 우리를 속이기도 한다. 지평선에 떠오르는 달은 거대해 보이지만, 머리 바로 위에 뜬 달은 훨씬 작아 보인다. 이는 흔히 알려진 폰조 착시[27]의 영향이다. 뇌는 지평선 근처의 하늘은 더 멀

27 사다리꼴 모양에서 기울어진 두 변 사이에 같은 길이의 수평 선분 두 개를 위아래로 배치하면 위의 선분이 더 길어 보이는 현상을 말한다.

게, 천정[28]의 하늘은 더 가깝게 인식한다. 그래서 지평선 근처의 달을 아주 멀리 있다고 인식한다. 그런데 이 달이 천정에 뜬 달과 같은 크기이니, 실제로 크기가 더 큰 것이 분명하다고 해석한다. 이런 과정을 거쳐 우리는 지평선의 달이 더 크다고 인식하게 되는 것이다.

철로 가운데 서서 먼 곳을 보면 철길이 만나서 합쳐지듯 보이는 지점이 있다. 물체가 위치한 거리가 증가하면 눈의 망막에 맺히는 이미지의 크기가 줄어들어 마침내 소실점에 이르면 만나는 것처럼 보인다. 물체가 더 작아지면 어느 순간 보이지 않게 된다. 그래서 철로 같은 평행선도 소실점에서는 합쳐지는 것처럼 인지된다.

우리가 눈으로 볼 수 있는 지평선의 거리를 알아낼 수 있는 공식이 있다. 다시 말하면, 지평선까지의 거리를 직접 계산할 수 있다는 뜻이다. 지표면과 눈 사이의 거리를 제곱근으로 계산한 뒤 90을 곱하면 된다. 단, 이때 단위는 마일을 써야 하며 언덕이나 빌딩 같은 곳에 서 있다면 그 높이를 더해야 한다.

키가 180센티미터인 사람이 바닷가에 서 있다고 해 보자. 해수면과 같은 높이에 있으므로 자신의 키만 마일로 구하면 된다. 1마일은 160,934.4센티미터이므로, 180을 160,934.4로 나누면 0.00111846815가 된다. 이 수의 제곱근을 구하면 $\sqrt{0.00111846815}$는 0.03344350684이고, 여기에 90을 곱하면 지평선까지의 거리는 약 3마일이 된다. 만약 윌리스 타워(예전에는 시어스 타워로 불렸다) 꼭대기에 있다면, 키가 443

---

28 관측자의 위치에서 수직선을 연결할 때 천구(天球)와 만나는 점을 의미한다.

미터이니, 지평선은 약 50마일 정도 거리가 된다.

어렸을 적 위스콘신주 농장에서 자란 나는 하늘과 물이 맞닿아 있는 모습이 어떨지 항상 궁금했다. 내가 본 가장 큰 수역은 미시시피강이었는데, 강 너머로 땅이 보여 수평선은 보이지 않았다. 그러다 열여덟 살에 집을 떠나 군대에 갔고 처음으로 대서양을 봤다. 끝없이 펼쳐진 바다는 하늘과 맞닿아 있었고, 그 사이에는 아무것도 없었다. 정말 놀라운 경험이었다.

하늘은 왜 파랗고, 풀은 왜 녹색인지에 관한 한 가지 가설이 있다. 만약 하늘도 녹색이면 잔디를 어디까지 깎아야 할지 구분이 안 되기 때문이다!

## 063 다이아몬드는 어떻게 자를까?

다이아몬드는 모스 경도[29] 10으로 지구상에 존재하는 자연 물질 중 가장 단단하다. 다이아몬드를 자르는 일은 수 세기 전부터 과학이자 예술

29 1820년, 프리드리히 모스가 고안한 경도의 표준으로, 1에서 10으로 분류한다. 경도(hardness)란 어떤 물질이 다른 물질로 긁히느냐를 기준으로 한다. 이에 비해 강도(strength)는 물질이 압력이나 충격을 받아 파괴될 때까지의 변형저항을 의미한다. 다이아몬드와 철을 비교하면, 다이아몬드는 철에 비해 경도는 높지만 강도는 약하다. 다이아몬드는 쇠못에 긁히지 않지만 쇠망치에는 부서지기 때문이다.

로 여겨져 왔다. 절삭은 가장 기본적인 다이아몬드 절단 단계로서, 다듬어지지 않은 다이아몬드를 조각내 여러 개의 보석으로 만든다. 보석 세공인이 덩어리의 약한 지점에 끌을 대고 나무망치로 쳐서 다이아몬드를 쪼개는데, 이 과정에서 실수가 일어나면 보석으로서 가치를 잃게 된다.

1456년에는 스카이프(scaif)라 불리는 연마 바퀴가 발명되었다. 이 장치를 이용해 세공을 하려면 작업하는 곳 외의 다른 부분이 긁히거나 훼손되지 않도록, 다이아몬드를 돕이라고 부르는 보석 연마용 거치대에 고정해야 한다. 올리브 오일을 윤활제로 쓰는 이 연마 바퀴에는 다이아몬드 분말이 코팅되어 있다. 다이아몬드를 써서 다이아몬드를 자르는 셈이다. 스카이프는 절삭한 면을 평평한 대칭으로 만들 수도 있어 다이아몬드를 더 반짝이고 빛나게 만든다.

1900년대에는 다이아몬드 톱이 개발됐다. 다이아몬드 분말이 함유된 강철 칼날이 있는 이 톱 역시 올리브 오일을 윤활제로 쓴다. 어떤 칼날은 청동에 인을 첨가한 인청동 합금으로 만들기도 한다.

다이아몬드는 절삭하고 연마하면서 손실되는 부분이 원석 무게의 절반 이상을 차지하기도 한다.

보석으로서 다이아몬드의 가치는 네 개의 C로 결정된다. 연마(Cut), 투명도(Clarity), 색상(Color), 중량(Carat)이다. 연마는 다이아몬드의 정면과 측면, 마무리된 형태의 등비 비례를 말한다. 투명도는 다이아몬드의 흠이나 불순물 여부를 말한다. 색상은 유백색부터 노란색까지 다양하다. 캐럿으로 무게와 크기를 따지는데, 1캐럿은 200밀리그램, 즉 0.2그램이다.

역대 가장 큰 다이아몬드는 3107캐럿짜리 '컬리넌'이다.[30] 1905년 남아프리카공화국 프리미어 광산에서 채굴돼, 잉글랜드의 에드워드 7세에게 선물로 바쳐진 이 다이아몬드는 이후에 여러 조각으로 나누어졌다. 미국에서 가장 유명한 다이아몬드는 '호프'라는 이름의 다이아몬드로 워싱턴 DC 스미스소니언에 전시되어 있다. 1668년에는 112캐럿이었으나, 이 다이아몬드 역시 조각이 났다.

다이아몬드는 순수한 탄소 물질이 높은 압력을 받아 형성된다. 탄소는 흔하다. 예로 인간의 신체도 무게의 18퍼센트가 탄소로 되어 있다. 그런데 땅속 깊은 곳에서 탄소가 극도로 높은 열과 압력을 받으면 다이아몬드로 변한다. 그리고 화산 분출 등으로 땅의 표면 가까이 나오게 된다.

다이아몬드 시장은 거의 하나의 조직이 지배하고 있다고 볼 수 있는데, 바로 영국 기업 드비어스다. 1888년 세실 로즈라는 사업가는 남아프리카공화국 킴벌리 지역에서 다이아몬드 광산을 사들여, 그곳에서 다이아몬드 원석을 처음 발견했던 드비어스 형제의 이름을 따 회사를 설립했다. 드비어스는 현재 전 세계 다이아몬드 원석 유통량의 절반 이상을 공급하고 있다.

30 광산의 설립자이자 소유자였던 토머스 컬리넌의 이름을 딴 것이다. 컬리넌은 식민 정부에 다이아몬드를 팔았고 식민 정부는 이를 국왕의 생일 선물로 보냈다. 에드워드 7세는 암스테르담의 아셔 형제에게 세공을 의뢰했고, 그들은 컬리넌을 9개의 큰 덩어리와 96개의 작은 조각으로 분리하였다.

## 064 비는 왜 내릴까?

비는 지속적인 물 순환의 결과물이다. 물은 호수나 바다, 강 그리고 젖은 땅에서 증발한다. 증발은 액체가 기체로 전환하는 현상이다. 습기를 머금은 따뜻한 공기가 상승하여 밀도가 낮은 곳으로 이동하면 공기가 팽창한다. 팽창한 공기는 따뜻했을 때보다 분자 간에 충돌하는 횟수가 줄어들며 온도가 낮아진다. 차가운 공기는 따뜻한 공기만큼 수분을 보유하지 못한다. 결국 상대습도가 치솟아 100퍼센트에 달하게 된다. 상대습도는 앞서 설명했듯이 공기가 가질 수 있는 수분의 최대치를 기준으로 현재 공기 중 수분을 퍼센트로 나타낸 것이다.

공기가 식어서 완전히 포화되는 온도를 이슬점이라고 한다. 차가운 공기가 더는 수증기를 품지 못하게 되면 이 수증기가 대기 중에 있는 꽃가루나 먼지, 연기, 산소 분자 같은 미세한 입자와 응결해 구름이 된다. 작은 방울들은 구름 속에서 합쳐져 더 큰 물방울이 된다. 난기류와 바람도 주변의 방울들을 움직여 충돌하게 해 점점 커지도록 만든다. 이렇게 공기의 상승기류를 버틸 만큼 무거워진 물방울들은 빗방울이 돼 떨어진다.

적란운 뇌우와 같은 특정 환경에서 빗방울들은 상승기류를 타고 올라가 기온이 0도 아래인 지점까지 도달하기도 한다. 이때는 빗방울들이 작은 공 모양의 얼음이 되어 기류를 타고 상승과 하강을 반복하는데, 하강할 때 표면에 더 많은 물이 모이고 상승할 때 물이 언다. 마침내 이 얼음은 무거워져서 지상으로 떨어진다. 우리는 이 현상을 우박이라고 부른다. 혹시 기회가 된다면 커다란 우박 덩어리 몇 개를 집으로 가져와 보자. 그리고 반으로 잘라 절단면을 살펴보자. 구슬만 한 크기의 우박을 자르면 나무의 나이테처럼 얼음이 몇 개의 층으로 이루어져 있는지 셀 수 있다. 이 얼음 테는 우박 덩어리가 뇌우 안에서 몇 번이나 오르고 내리길 반복했는지 알려 준다.

지구상에서 생명이 살 수 있는 곳 중 가장 건조한 장소는 칠레 아타카마사막의 아리카란 곳으로 연간 강수량이 0.8밀리미터다. 여기서 사는 선인장은 안개에서 수분을 취한다.

세계에서 가장 습한 지역은 남아메리카 콜롬비아의 요라와 인도 북동부 체라푼지다. 여기는 매년 1만 2192밀리미터의 비가 내린다.

미국에서 비가 가장 많이 내린 기록은 미주리주 홀트가 가지고 있는데, 1947년 6월 22일 45분 동안 305밀리미터가 내렸다. 1976년 7월 3일 콜로라도주 빅톰슨 협곡에는 4시간 동안 254밀리미터의 비가 내렸다. 이곳은 에스티즈파크와 로키산 국립공원으로 향하는 길목이다. 순간적으로 발생한 홍수에 144명이 목숨을 잃었는데, 대부분 캠핑하던 사람들이었다.

비는 가끔 피해를 입히기도 하지만 사실 축복이다. 온 세상에 담수를 공급하는 주요한 원천으로 땅을 따뜻하고 깨끗하게 만들어 준다. 비는 생명을 만들고 모든 인간 활동을 가능하게 한다.

# 065 왜 버뮤다 삼각지대에서 실종 사고가 자주 발생할까?

버뮤다 삼각지대에서 일어나는 사건들은 조종사의 과실과 빠르게 요동치는 멕시코 만류, 그리고 환경적인 요소, 다시 말해 날씨를 고려해야 합리적으로 설명할 수 있다.

버뮤다 삼각지대는 미국의 남동부 해안에서 조금 떨어진 곳에 있다. 세 꼭짓점은 버뮤다제도, 플로리다주 마이애미, 푸에르토리코의 산후안이다. 사실 이 지역은 정식으로 이름이 붙은 곳이 아니지만 세간에서 '버뮤다 삼각지대'라고 불린다. 이곳은 배나 작은 보트, 비행기가 알 수 없는 원인으로 자주 실종돼 악명이 높아졌다. 대표적으로, 1945년 12월 5일 TBM 어벤저 폭격기대가 실종돼 수색에 나섰던 사건이 전설처럼 남아 있다.

혹자는 버뮤다 삼각지대는 해상 및 항공 교통이 밀집한 대양 지역으로, 교통량이 많아 그 정도 실종 사고는 일어날 수 있다고 말한다.

버뮤다 삼각지대에서 나침반이 진북을 가리키지 않는 것도 이곳에서 발생하는 실종의 현실성 있는 근거로 여겨진다. 이곳에서는 나침반이 자북을 가리키는데, 자북은 진북과 약 1770킬로미터 떨어진 지점이다. 이 자기 편차는 여기 위스콘신주 토마에서는 불과 몇 도에 지나지 않지만 카리브해 인근에서는 거의 20도에 달한다. 조종사가 특별히 신경 쓰지 않으면 큰 문제가 닥칠 수도 있다.

또 버뮤다 삼각지대는 자연적인 위험도 가득하다. 빠르게 요동치는 멕시코 만류가 지나는 지역이기 때문이다. 예상할 새 없이 갑자기 발생하는 태풍은 사고만 일으키는 게 아니라 난파된 비행기나 배의 흔적까지 순식간에 없애 버린다. 최근 뉴스에 나오는 허리케인 대부분은 버뮤다 삼각지대를 통과했다. 이곳은 물 위에 생기는 토네이도인 용오름도 자주 발생한다.

생긴 지형 자체도 배들이 운항하기에 어려움이 있다. 이곳 해저는 지구상에서 가장 깊은 해구 중 하나인데, 바닷속에 광대한 모래톱과 암초들이 자리 잡고 있다. 많은 배들이 이 속을 알 수 없는 지형 탓에 선체 손상을 입었다.

세계 대부분 선박에 보험 서비스를 제공하는 런던의 로이드사는 버뮤다 삼각지대가 다른 해상 지역보다 실종 위험이 더 높은 것은 아니라고 주장한다. 사실 버뮤다 지역을 항해하는 배도 다른 지역을 항해하는 선박들과 똑같은 보험료를 낸다.

미디어에서는 음모론이 만연하다. 빅풋의 존재나 네스호의 괴물, 우주의 UFO와 외계인 등과 함께 버뮤다 삼각지대도 단골 소재다. 사람들은 음모론적 가설들을 이용해 책이나 잡지를 팔고, TV 프로그램의 시청률을 올리지만, 믿을 만한 증거는 아직 부족하다.

## 066 강은 왜 구불구불할까?

강이 직선으로 흐르는 게 타당하고 자연스러운 것 같기도 하지만, 강은 완만한 경사면을 흐르며 이쪽저쪽 곡선을 그리기 마련이다. 소위 곡류천의 제멋대로인 길은 침식과 퇴적으로 형성된다.

강둑의 양쪽을 흐르는 물의 속도는 강바닥에 있는 바위나 잡초, 부러진 나무 등으로 생긴 방해물이나 비대칭 지형으로 인해 달라진다. 강물이 빠르게 흐르는 면은 침식도 더 많이 일어나고 퇴적물도 더 많이 나르지만, 느리게 흐르는 면은 토양 입자가 내려앉아 퇴적물이 더 많이 쌓인다.

이 현상을 바탕으로 생각해 보면 강의 모양이 어떻게 변할지 짐작할 수 있다. 빠르게 흐르는 물이 둑을 파고들어 작은 곡선을 만든다. 한번 곡면이 만들어지면 곡면의 바깥쪽을 도는 물은 안쪽을 도는 물보다 더 먼 거리를 이동하며 속도가 빨라진다. 곡면의 바깥쪽에서 일어나는 침식이 다시 물의 속도를 빠르게 만들어 같은 과정이 영구히 반복된다. 강은 곡선의 바깥쪽에서 토양을 침식하고 안쪽에서는 퇴적물을 축적한다. 이 과정에서 곡류가 점점 커져 곡선이 점점 확실해진다. 결과적으로 강의 느린 면은 계속 느려지고 빠른 면은 계속 빨라진다. 느린 면에는 퇴적물이 더 많이 쌓이고 빠른 면에는 침식이 더 많이 일어나게 된다.

이 과정은 곡면이 너무 심해져 강이 그 길을 지나지 않고 직선으로 가로지르는 길을 새로 만들 때까지 이어진다.

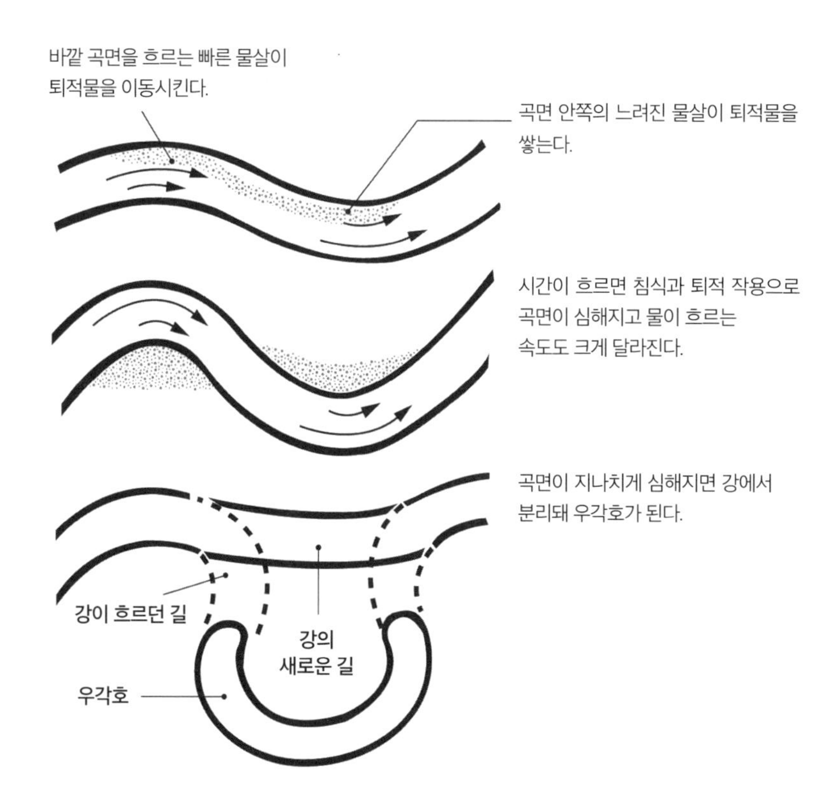


이렇게 강의 곡면이 분리되는 일은 주로 홍수로 범람했을 때 일어난다. 강에서 분리된 곡면은 선명한 U 모양으로 황소의 뿔처럼 보인다고 해서 우각호로 불린다. 몇 년이 지나면 다수의 우각호는 퇴적물과 초목으로 메워진다.

좋은 위치에 생긴 우각호는 수십 년 동안 남기도 한다. 새로 생긴 우각호는 수년 동안 물을 품기도 하고 크기만 충분하면 호수가 되기도 한다. 아이오와주의 카터 호수는 1877년 미주리강이 대홍수로 범람해 물길이 바뀌며 강의 남동부 1.6킬로미터 정도 떨어진 곳에 형성됐다.

아칸소주 호스슈 호수 마을은 U자로 생긴 호수의 동쪽 끝에 자리 잡고 있다. 이 호수는 미시시피강이 길을 바꾸며 생긴 우각호다. 이 강과 호수는 현재 완전히 분리되어 있다.

강 주변의 낮은 지역은 범람원이라고 한다. 퇴적물은 큰비나 봄철 범람 이후 쌓이는데 작물을 경작하기 매우 좋은 땅을 만든다. 내가 자란 위스콘신주의 농장 밑에도 이런 땅이 몇 에이커쯤 있었다. 너무 비옥한 토양이라 밭고랑에 옥수수 씨앗을 심고 흙을 덮은 다음 빨리 자리를 피해야 한다. 그러지 않으면 금세 솟아나는 줄기에 얼굴을 맞을 수도 있다. 지금 이 땅 주인은 아주 부자가 됐다!

## 067 피뢰침은 집을 보호하는 걸까, 번개를 끌어들이는 걸까?

피뢰침은 벤자민 프랭클린이 발명했다. 생각보다 단순한 장치로, 끝이 둥글거나 뾰족한 강철봉을 건물의 지붕, 굴뚝, 첨탑에 설치한다. 이 지름 1인치짜리 봉은 구리나 알루미늄 선으로 땅속 깊은 곳에 묻어 둔 전도성 금속판과 연결돼 있다.

피뢰침의 목적은 번개를 끌어들이는 게 아니다. 그 위에 있는 구름을 방전하는 게 진짜 목적이다. 번개는 구름과 땅, 혹은 구름과 구름 같은 두 지점 사이에서 일어나는 방전 현상이다. 방전 현상은 우리 신체에서도 일어나는데, 이를테면 양말을 신고 카펫 위를 걷고 나서(즉 정전기를 잔뜩 머금고 나서) 금속으로 된 문손잡이를 만지면 경험할 수 있다. 빨래건조기에서 면이나 모직으로 된 옷을 꺼내며 작은 번개를 경험하기도 한다. 면 셔츠 위에 입은 모직 스웨터를 벗을 때도 같은 현상이 일어난다.

가끔 구름과 지면 사이에 잠재된 전류가 너무 강해 피뢰침이 있어도 번개가 칠 때가 있다. 이때 피뢰침은 엄청난 양의 전류가 안전하게 땅으로 흐를 수 있는 저항이 낮은 길을 제공하는 역할을 한다.

번개는 변덕스러워 어디로 튈지 모른다. 일단 내리치고 난 뒤에 저항이 가장 작은 길을 찾기도 하기 때문이다. 하지만 번개는 대체로 구름에서 가장 가깝고 가장 높이가 높은 물체, 즉 건물이나 첨탑 같은 곳에 떨어진다. 탁 트인 곳이라면 가까운 나무에 내리치기도 한다. 어린 시절, 나무에 번개가 쳐 그 아래서 태풍을 피하고 있던 송아지가 죽었다는 이야기를 종종 듣곤 했다.

번개는 농담 삼아 이야기할 주제는 아니다. 미국에서 매년 500명 이상이 낙뢰에 맞으며 이 중 10분의 1이 사망한다. 다음은 번개 폭풍이 칠 때 하지 말아야 할 행동들이다. 실외에 머물기, 보트 타기, 농기계 작동하기, 골프 치기, 전화로 이야기하기(무선전화나 휴대전화는 괜찮다), 목욕이나 샤워하기 등이다. 집 안에 머물되 창문에서 멀리 떨어져 있는 게 좋다.

자동차(지붕이 접히는 차량이 아니라면)나 트럭은 안전한 피신처다. 일반적인 생각과 달리, 차량 내부가 안전한 이유는 타이어와는 아무 상관이 없다. 차 안은 번개가 외부의 금속 부품을 타고 지나가기 때문에 안전하다. 그러므로 외부와 연결되는 금속 부위는 만지면 안 된다. 이런 환경은 '패러데이의 새장'이라고 부른다.

1836년 영국의 과학자 마이클 패러데이는 전하[31]가 전도체의 표면에만 머무른다는 사실을 입증했다. 전자기 복사가 금속 상자의 빈 내부를 뚫고 지나가지 못한다는 사실을 보여 준 것이다. 전자기파의 길이에 비해 그물 구멍이 작으면 금속 그물망이나 방충망도 같은 효과가 있다.

당신의 집이나 헛간 건물이 반복해서 낙뢰에 맞는다면 이유는 몇 가지가 있을 수 있다. 피뢰침에 금속선이 확실히 연결되어 있지 않을 수도 있고, 금속선이 충분히 깊이 묻혀 있지 않을 수도 있다. 하지만 번개는 워낙 제멋대로라 그냥 운이 없는 걸지도 모른다!

미국 버지니아주 셰넌도어 국립공원의 경비원 로이 설리번은 1942년부터 1977년 사이에 일곱 번이나 벼락에 맞아, 이 분야 최다 기록을 세웠다. 이 중 두 번은 그의 머리카락에 불이 붙을 정도였다. 하지만 신기하게도 그는 벼락에 맞아서 죽은 게 아니라, 71세였던 1983년 총기로 자살했다. 전하는 바에 따르면 사랑하던 여인에게 실연당했다고 한다.

---

31 물체가 띠고 있는 정전기의 양으로 모든 전기현상의 근원이 된다.

## 068 뜨거운 공기는 위로 가는데, 왜 산의 정상이 평지보다 시원할까?

얼핏 생각해 보면 산의 정상은 상대적으로 낮은 골짜기보다 더워야 한다. 뜨거운 공기는 위로 상승하고, 또 산 정상이 태양에 가깝기도 하니까 말이다. 햇볕이 지구를 내리쬐면 지표면의 공기는 따뜻해지기 마련이다.

뜨거운 공기가 상승하는 건 맞다. 하지만 상승한 공기는 팽창한다. 그리고 팽창한 뒤에는 차가워진다. 공기 분자를 서로 부딪치고 있는 작은 공들이라고 생각해 보자. 부딪치는 공간이 좁으면 공의 속도도 올라간다. 하지만 간격이 멀어지면 튕기는 속도가 감소한다. 다르게 생각해 볼 수도 있다. 탁구를 칠 때 상대와의 거리가 점점 짧아지면 공의 속도가 올라가지만, 점점 멀어지면 속도는 줄어든다.

고도가 높아지면, 팽창한 공기 속에 있는 분자들은 간격이 서로 멀어진다. 덕분에 분자의 평균 속도가 줄어든다. 분자의 운동에너지, 즉 속도를 나타내는 온도는 당연히 내려간다. 그럼 상승하는 공기는 얼마나 차가워질까? 이는 단열냉각비율(대기의 팽창에 의한 온도 하강)로 나타낼 수 있는데, 공기가 함유한 수분에 달려 있다. 평균적으로 고도가 약 1000피트(305미터) 올라갈 때마다 기온은 섭씨 2도 정도 떨어진다.

해발 9000미터에 약간 못 미치는 에베레스트산 정상의 기온은 영하 73도까지 내려가기도 한다. 하지만 5월의 화창한 날에는 약 영하 26도까지 오르기도 한다.

지난여름, 나는 아내 앤과 뉴멕시코주와 애리조나주를 여행했는데 우리가 빌린 자동차에는 외부 온도를 알려 주는 기능이 있었다. 고도가 약 1200미터인 애리조나주 페이지에 갔을 때 기온은 33도였다. 약 두세 시간 뒤, 고도 약 2700미터인 그랜드캐니언의 노스림에 도착했고 기온은 23도였다. 애리조나주 고속도로에는 고도가 305미터씩 변할 때마다 알려 주는 표지판이 설치돼 있다. 89번 고속도로와 67번 고속도로를 이용하며 고도 대비 온도를 측정했는데, 305미터 정도 올라갈 때마다 기온이 약 2도씩 떨어지는 걸 직접 확인할 수 있었다.

우리는 미국의 산을 생각하면 흔히 로키산맥을 떠올린다. 1800년대 중반 오리건 산길을 지나간 개척자들은 인디펜던스록을 지나 스위트워터강을 따라 터덜터덜 걸으며 처음으로 눈 덮인 로키산맥의 정상을 목격했다.

그들은 필시 큰 공포와 두려움을 느꼈을 것이다. 하지만 운이 따랐다. 그들의 발 앞에는 1812년 모피 사냥꾼들이 발견한 남쪽 길(사우스 패스)이 뻗어 있었고 로키산맥 분수계를 가로질러 넓은 지대의 대초원과 산쑥 지대가 펼쳐져 있었다. 사우스 패스는 와이오밍주 남서쪽 해발 약 2260미터 지점에 있다. 북으로는 윈드리버산맥이, 남으로는 앤틸로프힐스가 펼쳐진 곳이다.

약 25만 명이 넘는 개척자가 사우스 패스를 이용해 로키산맥을 지나갔다. 오늘날 와이오밍주 28번 고속도로는 오리건 산길부터 사우스 패스를 지나는데, 몇몇 장소에는 마차의 바퀴 자국이 선명히 남아 있다.

## 069 바닷물은 왜 짤까?

이 질문은 현대 화학의 아버지 앙투안 라부아지에가 약 200년 전 처음으로 완벽하게 대답했다. 그는 바다를 '땅을 헹군 물'이라고 서술했다. 땅에 있던 염분이 씻겨 바다로 간다는 의미다.

육지의 바위는 탄산칼슘(석회암), 황산마그네슘(사리염), 염화나트륨(식염)을 함유하고 있다. 풍화작용으로 바위와 염분에서 떨어져 나온 미네랄이 강과 냇물에 용해되고, 땅에 있는 염분이 바다로 흘러 들어간다. 물과 바위의 이러한 상호작용은 묘지에 가면 그 증거를 쉽게 찾아볼 수 있다. 묘지의 비석은 대개 대리석으로 만들어져 있는데, 여기 새겨진 글씨는 백 년 넘게 비바람을 맞고 나면 풍화되어 알아보기 힘들어진다.

대양의 소금은 화산활동으로 생기기도 한다. 바위에는 보통 황이나 염소가 거의 없는데, 화산이 대기로 뿜은 이 원소들이 세계의 대양으로 떨어져 흡수된다. 그리고 황과 염소는 바다에 소금기를 더한다.

풍화작용과 화산활동이 지속해서 일어나면 바다의 염도는 점점 더 높아져야 하지 않을까? 하지만 염분은 조개 같은 갑각류가 탄산칼슘을 이용해 껍데기를 만드는 과정에서 계속 소모된다. 그래서 대양의 염도는 오랫동안 일정하게 유지되었다.

이스라엘과 요르단의 국경에 위치한 사해는 지구에서 가장 낮은 지대로 둘러싸여 있는, 세계에서 가장 짠 바다다. 염도가 31.5퍼센트로 대양의 약 아홉 배에 달한다. 사해에는 물이 빠져나가는 길이 없어서 이곳에 들어온 미네랄은 수 세기 동안 그대로 머무른다. 담수 수역 대부분은 물이 흘러나가는 길이 있어 용해된 미네랄이 처리되지만 사해는 그렇지 않다.

캘리포니아주 요세미티 국립공원 인근 모노 호수는 염도가 약 10퍼센트에 달한다. 로스앤젤레스의 수자원 확보를 위한 수로 공사로 염도가 높아진 데다, 유입되는 담수보다 증발로 손실되는 물의 양이 더 많기 때문이다. 모노 호수는 1994년까지 거듭 작아지고 염도가 올라가 마침내 현재 모습이 되었다.

유타주에 있는 그레이트솔트 호수는 빗물로 채워진 다우호[32]로, 선사시대에는 유타 대부분을 뒤덮고 있었다. 오늘날에는 세 개의 강이 이 호수에 침전물을 가지고 오는데, 매년 100만 톤 이상의 미네랄이 유입된다. 빠져나가는 길이 없는 내부배수호라서 오직 증발로만 물이 소모된다. 물은 증발하지만, 미네랄은 남는다. 그레이트솔트 호수의 염도는 앞서 말했듯 5~25퍼센트로 강수량과 강설량, 증발량에 따라 수시로 변한다. 그레이트솔트 호수의 물은 사람의 몸보다 밀도가 높아 누구라도 둥둥 뜨기 때문에 이곳에서는 빠져 죽을 염려가 없다.

32 과거 기후변동 시기 다우기(多雨期)에 형성된 호수를 말한다.

## 070 태평양의 깊이는 얼마나 될까?

대양에서 가장 깊은 해저는 태평양에 있는 마리아나 해구다. 1960년 미 해군은 소형 심해잠수정 트리에스테로 이곳을 탐사했다. 트리에스테는 이 잠수정이 만들어진 이탈리아 도시의 이름이다. 잠수정은 속이 비어 있는 공처럼 설계되어 주로 대양 깊은 곳을 탐사하는데, 소수의 선원만 탑승할 수 있다. 이전에 사용한 심해잠수정과 달리 트리에스테는 바다 위에 떠 있는 모선에 연결하지 않은 채 운용되었다.

트리에스테의 두 선원은 잠수정을 설계한 오귀스트 피카르의 아들인 과학자 자크 피카르와 미 해군 대위 돈 월시였다. 이들은 약 1만 911미터 아래로 내려가 대양의 바닥에 잠수정을 안착시켰다. 지구의 가장 깊은 곳까지 하강하는 데 약 4시간이 걸렸다. 이들 머리 위로는 10킬로미터가 넘는 깊이의 바다가 있었다. 트리에스테는 물보다 가벼운 가솔린으로 가득 찬 탱크 하나와 물보다 무거운 납 알갱이를 채운 밸러스트(선박의 무게 중심을 잡기 위해 싣는 짐)로 부력을 조절했다. 최저점에 도달했을 때 수압은 1만 6000프사이(psi)[33](약 1000기압)에 달했다. 참고로, 자동차 타이어에 가해지는 기압은 30프사이가 조금 넘는다.

최첨단 소형잠수정 '딥씨 챌린저'에는 선원이 단 한 명 탑승할 수 있

33 압력의 단위이며 제곱인치당 파운드, 즉 pound per square inch의 약어로 피에스아이라고도 읽는다.

다. 2012년 3월 26일 캐나다의 유명 영화감독 제임스 카메론은 이 잠수정을 조종해 마리아나 해구의 가장 깊은 곳 중 하나인 수심 1만 898미터 지점에 내려갔다. 이곳 '챌린저 해연'은 영국 해군의 해양탐사선 HMS 챌린저호의 이름을 따왔다.(이 배의 선원들은 1872년부터 1876년까지 해구 주위의 수심을 측정하는 임무를 수행했다.) 카메론은 챌린저 해연을 홀로 잠수해 3시간 정도 탐사했다.[34] 해저에서 물고기는 보지 못했지만, 바닥에 사는 새우를 닮은 작은 갑각류는 만났다고 한다. 그는 해저로 내려가기 전 잠수정의 로봇 팔에 롤렉스 시계를 감았는데, 잠수 내내 평상시와 똑같이 작동했다. 정말 좋은 광고 아이디어였다!

## 071 비행기가 지나간 자리에 남는 하얀 연기는 뭘까?

제트기의 꼬리에 생기는 얇은 줄 같은 구름은 기체가 응결해 형성되는 '비행운'이다. 제트 연료는 저급 등유로, 탄소와 수소로 구성된다. 제트 연료가 대기에서 산소와 함께 연소하면 이산화탄소와 수증기로 이루어진 배기가스가 분출된다. 일반적으로 수증기는 눈에 보이지

34 카메론은 이를 바탕으로 다큐멘터리 〈딥씨 챌린지〉를 만들었다.

않는다. 하지만 높은 상공의 차가운 공기는 따뜻한 공기만큼 수증기를 저장하지 못한다. 그래서 수증기가 배기가스의 입자나 공기 중 먼지 등과 응집하여 구름의 형태로 우리 눈에 나타나게 된다.

겨울에 밖에 나가 숨을 쉴 때도 같은 현상을 목격할 수 있다. 우리의 날숨에는 눈에 보이지 않지만 상당한 양의 수증기가 포함돼 있다. 차가운 곳에서 숨을 쉬면 우리 입김 안에 있던 수증기가 공기 중의 작은 입자와 응결해 눈에 보이게 된다. 여름에 이런 현상이 일어나지 않는 이유는, 따뜻한 공기는 이 수증기를 함유할 수 있기 때문이다.

비행운은 1940년 처음 목격되었다. 미 8공군은 수백 대의 B-17 폭격기를 영국에서 독일 나치를 향해 출격시켰다. 미국인들은 이때 극장에서 뉴스를 통해 비행운을 목격했다.

비행운이 지속하는 시간은 고도, 기온, 수증기 함량, 기압, 햇빛, 바람에 영향을 받는다. 해당 지역의 바람이 잠잠하면 비행운이 지평선 이쪽 끝에서 저쪽 끝까지 생기기도 한다. 가끔 강한 바람이 비행운을 흩뜨려 높은 고도에 생긴 새털구름(권운)처럼 보이게 만들기도 한다.

비행운이 날씨에 영향을 준다는 추측도 있는데, 완전히 비과학적 생각은 아니다. 인공 강우(구름 씨 뿌리기)는 1950년대부터 세계 곳곳에서 시행되었다. 요오드화은 결정체를 구름에 뿌려 수증기가 결합해 비를 내리게 한다. 인공 강우는 가뭄을 해소하고, 강설량을 늘리고, 허리케인을 소멸하고, 우박을 억제하는 데 사용된다. 중국 정부는 2008년 8월 8일 열린 하계올림픽 개막식에 화창한 날씨를 약속했다. 베이징 인근 스물한 개 지역에서 비가 오지 않도록 하는 인공 소우(消雨) 로켓을

1100개 발사했고, 당연하게도 개막식에 비는 내리지 않았다.

시골에 사는 사람들은 하늘에 관심이 많기 마련인데, 수십 년 전보다 요즘 비행운을 훨씬 더 자주 목격한다고 말한다. 민간 비행기와 군용 제트기가 예전보다 훨씬 많이 증가했으니 의심할 여지없는 사실이다. 게다가 다수의 항공편이 비행운이 바람에 빨리 흩어지지 않는 고도 1만 2000미터 이상 높이에서 비행한다.

음모론자들은 어떤 목적에 의해 화학물질이 비행운으로 살포되고 있다고 주장한다. 이들은 '비행운'이라는 말 대신 '화학운'이라는 단어를 쓴다. 인터넷에 떠도는 화학운 음모론의 주장에 따르면 바륨, 알루미늄염, 토륨, 탄화규소 같은 화학물질이 뿌려진다는 것이다. 또 다른 음모론은 무기 프로그램의 일환으로 전기전도성 물질이 하늘에 살포된다는 설이다. 인구 통제와 지구온난화 완화가 목적이라고 주장하기도 한다. 하지만 미국, 캐나다, 영국에서 연구한 바에 따르면 이런 물질들이 높은 고도에서 살포됐다는 주장에는 어떤 과학적 근거도 없다.

## 072 고층 건물은 왜 땅으로 꺼지지 않을까?

높은 고층 건물은 반드시 기반암 위에 지어진다. 건물을 올리는 데 있어서 가장 큰 장애물은 아래로 향하는 중력이다. 위로 한 층을 더 올릴 때마다 바닥에 가중되는 힘의 합계가 증가한다. 산술적으로는 건물을 위로 무한히 올릴 수도 있지만, 그만큼 바닥이 거대하고 두꺼워져 내부에 머물 공간이 없어진다.

고층 건물은 격자 기초 위에 수직 기둥을 설치해 짓는다. 격자 기초는 기반암 위에 두꺼운 콘크리트 패드를 타설하고 그 위로 넓게 설치한 수평 철재 더미를 말한다. 기반암은 엄청난 무게를 견딜 수 있는 단단하고 큰 무결암[35]이어야 한다.

뉴욕 맨해튼은 수 세기 전 허드슨 계곡으로 흘러든 용암이 굳어 단단해진 암석 위에 지어진 도시다. 이 도시가 하늘과 이루는 경계선은 용암이 흘러 땅속에 형성한 산맥의 모습을 그대로 답습하고 있는데, 용암이 굽이쳐 섬의 남쪽 끝으로 향하는 모습까지 같다.

로어 맨해튼에는 원월드트레이드 센터와 울워스 빌딩 같은 새로 지은 고층 건물이 있다. 여기서 북으로 1.6킬로미터만 가도 높은 건물을 보기 힘들어진다. 맨해튼 미드타운으로 가면 다시 높은 건물들을 볼 수 있다. 엠파이어스테이트 빌딩, 록펠러 센터, UN 빌딩, 크라이슬러 빌딩이 나타난다. 이 고층 건물들은 용암이 지표면 근처에서 굳어 형성된 두 개의 지하 산 위에 건설되었다.

현재 세계에서 가장 높은 빌딩은 버즈 칼리파로 약 830미터다. 아랍에미리트 두바이의 중심에 자리 잡고 있으며, 한국 건설사가 공사를 진행했고 2010년 1월 4일 대중에 공개되었다.

---

35 구조적으로 균열, 절리, 엽리 등의 결함을 가지고 있지 않은 암석을 일컫는다.

# 073 구름은 어떻게 생기고, 색은 어떻게 형성될까?

구름은 아주 작은 물방울이 모여 만들어진다. 이 물방울은 아주 가볍고 작아 공기 중을 떠다닐 수 있다. 따뜻해진 공기가 상승해 팽창하고 냉각되면 구름이 형성된다. 따뜻한 공기는 그 안에 수분을 담고 있는데, 증기 형태라 눈에 보이지 않는다. 앞서 설명했듯이 공기는 1000피트(305미터) 상승할 때마다 온도가 약 2도씩 떨어지는데, 이를 단열냉각비율(대기의 팽창에 의한 온도 하강)이라고 한다.

상승한 공기는 더는 증기를 함유하지 못하고 완전히 포화되는 이슬점까지 온도가 내려간다. 그러면 상대습도가 100퍼센트에 이른다.

배출된 수증기는 먼지 입자와 산소 분자에 응결된다. 대부분 자동차, 트럭, 화산, 산불에서 생겨난 입자들이다. '응결'은 기체가 액체로 변하는 현상을 뜻한다. 수억, 수조 개의 작은 물방울들이 모여 눈에 보이는 구름을 형성한다. 아주 높은 고도에서는 작은 물방울들이 얼어 빙정(대기 중의 얼음 결정)이 된다.

그런데 구름은 왜 하얀색일까? 구름은 태양에서 오는 빨강, 주황, 노랑, 초록, 파랑, 남색, 보라색 빛을 모두 반사하기 때문이다. 대개 이 일곱 가지 색을 모두 고르게 반사하면 하얀색을 띤다. 하지만 구름이 두꺼워지면 회색이나 더 어두운색을 띠는데, 이는 태양빛이 구름을 완전히 통과하지 못하기 때문에 그렇다. 뇌운은 대기 중에 수직으로 높이 발달해서 검은색으로 보이기도 한다. 구름이 두꺼우면 대부분의 태양빛을 막아 우리 눈에 도달하는 빛의 양이 적어진다. 그래서 뇌운은 어두운색을 띠고 있다.

구름의 높이는 구름의 종류 및 구름을 구성하고 있는 물방울의 크기에 따라 결정된다. 솜털같이 하얀, 아래가 평평한 뭉게구름은 보통 가장 큰 물방울을 가지고 있으며 대개 지상 1.8킬로미터 부근에 위치하지만, 가끔 더 높은 곳에 발달하기도 한다. 뭉게구름은 평균적으로 시속 16~32킬로미터로 움직이지만, 뇌운이 섞이면 더 빨리 이동한다.

말꼬리구름이라고도 불리는 새털구름은 아주 높은 곳에 얇게 형성된다. 지상 약 9킬로미터의 높은 고도에서 아주 작은 빙정으로 형성된다. 제트 기류에 밀려다니는 이 새털구름은 시속 160킬로미터 이상의 속도를 내기도 한다. 하늘에 새털구름이 많이 보이면 날씨가 빠르게 변하는 상태로 짐작할 수 있다.

안개는 특별한 종류의 구름이다. 안개는 대개 습기 가득한 따뜻한 기류가 차가운 지표면을 덮을 때 생긴다. 대기에 수분이 많으면 공기 중 입자와 응결한다.

구름의 두 가지 큰 부류인 뭉게구름과 새털구름 외에도 층운이 있다. 영어의 '층운(stratus)'은 라틴어로 '퍼지다'라는 뜻이 있다. 층운은 하늘을 아주 넓게 뒤덮으며, 오랫동안 비를 뿌린다.

일반적으로 여름에는 뭉게구름이, 겨울에는 층운이 많이 보인다.

5장

# 지구와 달의 비밀을 풀어 보자

## 074 지구는 왜 둥글까?

모든 행성은 중력의 영향으로 둥글다. 중력은 행성의 중심을 향해 가해지는 힘으로, 표면의 모든 부분이 중심을 향해 일정하게 당겨진다. 그 결과 행성은 구체, 즉 공 모양이 된다. 지구나 그 밖의 행성들은 형성될 당시 중력으로 가스나 먼지를 끌어들여 크기를 점점 키워 나갔다. 충돌이 행성의 물질들을 가열하고 녹이면 중력이 그 물질들을 최대한 안쪽으로 당겨 공 모양을 이루었다. 그 후 녹았던 물질들이 식고 단단해져 행성은 지금 같은 형태가 되었다.

행성들이 완벽한 구체는 아니다. 물체는 회전하는 회전축에서 최대한 멀어지려고 하는 경향이 있다. 그래서 약간 비대칭을 이룬다. 행성은 자전하기 때문에 적도 부근이 약간 불룩해진다. 지구 역시 구체에 가깝지만 완벽한 구체는 아니다. 적도의 한 지점에서 반대쪽까지 측정한 가로 지름은 극지방에서 극지방까지 측정한 세로 지름보다 약 42킬로미터 정도 더 길다.

목성도 상하로 찌그러진 타원형으로 가로 지름이 세로 지름보다 약 7퍼센트 크다. 적도 쪽 둘레와 극지방 쪽 둘레가 상당한 차이를 보인다. 망원경으로 보면 목성이 실제로 약간 납작한 구체라는 사실을 알 수 있다. 나사(NASA)가 찍은 목성 사진에서 적도 반지름과 극 반지름을 재봐도 차이를 알 수 있다. 목성은 거대한 행성으로 질량이 지구보다 320배 크다. 축을 기준으로 한 바퀴 자전하는 데는 약 10시간이 걸린다.

행성의 산이나 계곡들도 완벽한 구체를 망치는 작은 흠집이라고 할 수 있다. 지구에서 가장 높은 산은 높이가 약 9킬로미터인데 중력이 그보다 더 높아지는 걸 방지하고 있다. 산의 높이가 80킬로미터나 160킬로미터에 이르면 자신의 무게를 버티지 못하고 무너질 것이다.

## 075 우주에는 공기가 없는데, 지구에는 어떻게 공기가 존재할까?

지구의 초창기, 수백 개의 화산이 입에서 증기를 내뿜었다. 증기는 물로 이루어져 있는데, 물은 수소 원자 두 개와 산소 원자 한 개로 형성된다. 화산들은 이산화탄소와 암모니아도 배출했다. 이산화탄소는 탄소 원자 한 개와 산소 원자 두 개로 이루어진다. 암모니아는 질소 원자 한 개와 수소 원자 세 개를 가진다. 이 가스의 원소들이 오늘날 우리가 숨 쉬는 공기의 구성 요소를 제공했다.

대기 중 이산화탄소 농도는 감소했다. 대부분의 이산화탄소가 바다에 용해되었고, 원시 박테리아가 태양빛과 함께 이산화탄소를 흡수했기 때문이다. 박테리아들은 노폐물로 산소를 만들어 대기의 산소 비율을 높이는 데 일조했다. 햇빛은 암모니아 분자를 질소와 수소로 분해했다. 수소는 모든 원소 중 밀도가 가장 낮아 우주로 밀려났다. 수소 원자는 움직이는 에너지, 즉 운동에너지가 커서 중력에서 벗어나 우주로 향했다. 수소 원자는 지구 탈출속도[36]인 시속 4만 234킬로미터 이상의 속도를 낼 수 있다. 암모니아에서 나온 질소는 남아서 지구 대기의 상당 부분을 차지하고 있다.

오늘날 지구에는 식물과 동물이 미묘한 균형을 이루며 번성하고 있다. 동물은 산소를 마시고 이산화탄소를 내놓는다. 식물은 이산화탄소를 마시고 산소를 배출한다. 생명체들은 79퍼센트의 질소, 21퍼센트의 산소, 1퍼센트의 이산화탄소와 그 외 비활성 기체인 아르곤, 크립톤, 네온, 제논, 헬륨으로 균형을 이루고 있는 대기에 의존해 생명을 유지한다. 이 기체들은 50억 년 전 태양계가 생긴 이래 극소량만 존재한다.

지구가 가진 산소는 우리 인간이 생명을 유지하는 데 꼭 필요한 물질이다. 지구의 대기는 위험한 복사선으로부터 우리를 보호하는데, 여기에는 잠재적으로 치명적인 자외선도 포함된다. 또 대기는 열이 지표면 근처에 머물게 하고, 행성에 양분을 공급하는 비와 물이 흐르게 한다.

태양계의 일부 행성은 대기를 가지고 있지만, 생명체는 살지 못한다. 수성은 달과 마찬가지로 대기가 없다. 금성은 이산화탄소가 밀집해 있어 인간이 숨 쉴 산소를 찾기 어렵다. 화성의 대기는 지구의 100분의 1로 진공에 가깝다. 거대 행성인 목성, 토성, 해왕성의 대기는 수소, 헬륨, 메탄, 암모니아로 이루어져 있다.

분명 지구는 태양계에서 생명체가 살기 좋은 유일한 행성이다.

---

36 물체가 천체의 표면에서 벗어날 수 있는 최소한의 속도를 말한다.

## 076 지구는 왜 회전할까?

지구는 위에서 보면 시계 반대 방향으로 회전하고 있다. '위에서 보면'이라는 말은 북극 위를 뜻한다. 지구의 회전은 모든 생명체에게 극히 중요하다. 지구가 한 축을 기준으로 회전하는 덕분에 행성의 모든 면이 태양을 보고 열을 얻는다. 이 현상은 상대적으로 짧은 시간에 반복된다.

지구의 자전은 별들과 행성들이 처음 생겨났을 때부터 시작됐다. 새로 탄생한 별은 자신의 주위에 있는 먼지와 가스를 모아 원반처럼 만들고, 자기 중력으로 이 원반을 회전하게 한다. 초기 원반은 거대한 가스 덩어리와 액체로 구성되었다. 원반의 중앙은 태양이 되고, 외부 고리와 물질 덩어리들은 식어서 응결돼 단단한 형태를 갖춘다. 회전하는 먼지와 가스로 이루어진 이 커다란 덩어리들은 자신만의 회전 주기가 생겨 행성이 된다. 각각의 덩어리는 회전 속도가 점점 빨라지면서 안으로 뭉쳐 부피는 줄고 밀도는 올라가는데 이런 형태의 움직임을 '각운동량 보존법칙'이라고 한다. 피겨 선수들이 회전할 때 팔을 몸에 가깝게 붙여 회전하는 속도를 높이는 데 사용하는 원리다. 우주는 진공 상태기 때문에 회전을 멈출 힘이나 마찰이 존재하지 않는다. 그래서 태양과 행성들은 영원히 회전하게 된다. 여기서 우리는 뉴턴의 관성의 법칙을 확인할 수 있다. 움직이는 물체는 움직임을 유지하려는 성격이 있다는 것이다.

달의 인력은 지구의 자전에 영향을 끼친다. 이 힘은 바닷물이 연안에 차올랐다가 다시 빠지게 한다. 이 조석 마찰은 지구의 자전을 늦춘다. 달로 인해 지구의 자전은 매년 약 0.0015초 늦어진다. 18개월마다 윤초를 더해 행성의 시간을 원자시계 및 천체 관측과 일치하도록 조정한다. 공룡 시대에는 하루가 약 23시간이었다.

달은 지구의 자전을 느리게 하는 대가로 매년 지구에서 3.8센티미터 정도씩 멀어진다. 지구의 자전 시간이 길어질수록 달의 궤도 반지름도 길어진다. 피겨 선수의 예가 여기서도 적용된다. 회전이 느려지면, 팔이 벌어진다. 스케이터의 몸통이 지구라면, 팔은 달이다. 스케이터의 몸통(지구)이 느려지면, 팔(달)도 몸통에서 멀어진다.

지금부터 수백만 년 뒤에는 하늘의 달은 더 작아 보이고, 하루는 25~26시간이 될 것이다. 하루에 할 일이 더 많아지는 셈이다!

## 077 지구상에서 가장 단단한 물질은 무엇일까?

경도를 따질 때, 다이아몬드는 모든 암석의 평가 기준이 된다. 약혼반지 혹은 기념 반지를 맞출 때 떠올리는 다이아몬드는 지상 최고의 가치를 가진 보석으로 일컬어진다. 하지만 다이아몬드는 산업 현장에서는 절삭 공구나 연마재, 내마모 보호 코팅 등에 사용된다.

다이아몬드는 탄소로 이루어져 있는데, 탄소는 세상에서 제일 흔한 원소 중 하나로 물, 음식, 산소와 함께 생명의 기본 4대 요소 중 하나다. 탄소는 인간의 몸 18퍼센트 이상을 구성하며, 우리가 호흡하는 대기에도 소량 포함되어 있다.

다이아몬드는 지표면 약 160킬로미터 아래에서 형성된다. 엄청난 열과 압력이 탄소를 다이아몬드로 변화시킨다. 오늘날 우리가 보는 다이아몬드 대다수는 수십억 년 전에 형성돼 마그마 분출로 지표면에 올라온 것들이다. 크고 유명한 다이아몬드는 대체로 아프리카 대륙 남부에서 발견되었다.

모스 경도계는 고체, 특히 광물의 단단함을 측정하는 기준이 되는데, 독일의 광물학자 프리드리히 모스의 이름을 따왔다. 모스 경도계는 광물이 다른 특정 광물로 긁히는가의 여부로 결정되기 때문에 상대적인 측정값이다. 따라서 경도의 단계 변화가 어떤 규칙성에 의거하지는 않는다. 예를 들어 9도의 강옥은 8도의 황옥보다 두 배 단단하지만, 10도의 다이아몬드는 9도의 강옥보다 거의 네 배나 단단하다. 다음은 모스 경도계에서 무른 것부터 단단한 것까지 차례로 적은 것이다.

1도. 활석 - 손톱으로도 쉽게 흠이 난다.

2도. 석고 - 손톱으로 흠이 난다.

3도. 방해석 - 구리 동전에 흠을 낼 수 있고, 반대로 흠이 나기도 한다.

4도. 형석 - 구리 동전으로 흠이 나지 않으며, 유리에 흠을 낼 수 없다.

5도. 인회석 - 유리에 흠을 낼 수 있고, 칼로 쉽게 흠이 난다.

6도. 정장석 - 유리에 쉽게 흠을 낼 수 있고, 철에 흠이 난다.

7도. 석영 - 철로 흠을 낼 수 없다.

8도. 황옥 - 강옥이나 다이아몬드 외에는 흠을 낼 수 없다.

9도. 강옥 - 다이아몬드로만 흠이 난다.

10도. 다이아몬드 - 오직 다이아몬드로만 흠을 낼 수 있다.

모스 경도계에 나타나듯이 다이아몬드는 오직 같은 다이아몬드로만 흠을 낼 수 있다. 지구에서 자연 상태로 발견되는 물질 중 가장 단단한 것이다. 그런데 최근 탄소와 질소를 결합해 특허를 받은 복합체는 다이아몬드와 맞먹는 경도를 보여, 산업 장비 분야에서 저렴한 가격에 다이아몬드를 대체할 것으로 여겨진다. 이 초경질 물체를 활용하면 다이아몬드가 탈 정도로 뜨거운 환경에서도 사용 가능한 절삭기를 만들 수 있다. 이 새로운 '합성 다이아몬드'로 기어나 베어링을 코팅해 내구성을 향상할 수도 있다. 합성 다이아몬드에는 두 가지 종류가 있는데, 하나는 고온고압(HPHT, High Pressure High Temperature) 다이아몬드, 다른 하나는 화학기상증착(CVD, Chemical Vapor Deposition) 다이아몬드다.

## 078 지구는 어떻게 궤도에 머물까?

지구는 두 가지 현상의 동시 작용으로 궤도에 머문다. 첫째, 태양의 인력이 지구를 당긴다. 둘째, 지구가 직선으로 움직이려는 관성운동이

작용한다. 이 두 가지 '힘'(관성은 엄밀히 말해 힘은 아니지만, 직선으로 가려는 움직임이 궤도에 영향을 준다)의 상호작용으로 지구는 태양 주위의 궤도를 부드럽게, 거의 원에 가까운 형태로 선회하고 있다.

이 중 하나의 힘이라도 작용하지 않으면 지구에 큰 재앙이 일어난다. 지구는 관성운동이 정지하면 태양의 인력에 당겨져 숯덩이처럼 타버린다. 반대로 태양의 인력이 마법처럼 한순간에 사라지면 궤도에서 이탈해 영영 길을 잃게 된다.

이는 마치 공을 고무줄에 매달아 머리 위에서 돌리고 있는 것과 같다. 고무줄은 지구와 태양 사이에 존재하는 인력의 역할을 한다. 회전하던 공이 갑자기 멈추면 고무줄이 공을 당겨 손에 맞게 된다. 또, 줄이 끊어지면 공은 날아가 버린다.

## 079 지구의 나이는 어떻게 알 수 있을까?

지구가 고작 수천 년 전에 생겨났다고 말하는 창조론자들을 설득하려면 꽤 복잡한 주제가 될 수도 있다. 하지만 지구의 나이는 견고한 과학적인 논리와 실증적인 증거를 기반으로 추정된 것이다. 지구와 태양계는 45억 3000만~45억 8000만 년 전에 형성됐다. 그리고 우리 은하는 약 130억 년 전에 태어났다.

그렇다면 증거는 무엇일까? 달과 지구에 있는 암석의 나이는 방사성 동위원소의 붕괴를 측정해 알아낸다. 방사성 우라늄235와 우라늄238은 다른 원소로 변질(붕괴)해, 결국 안정된 납으로 변한다. 상대적으로 풍부한 우라늄238은 납206이 되고, 희귀한 우라늄235는 납307이 된다. 지구에 있는 모든 납은 우라늄에서 생겨난 것이다.

어떤 암석의 우라늄과 납의 비율을 비교했는데, 납으로 변하지 않은 우라늄이 훨씬 많다고 가정해 보자. 이는 우라늄이 납으로 변할 충분한 시간이 없었다는 의미로 암석의 나이가 젊음을 뜻한다.

또 다른 암석의 우라늄과 납의 비율을 비교했는데, 반대로 납이 우라늄보다 훨씬 많다고 가정해 보자. 이는 우라늄이 납으로 변할 충분한 시간을 가졌다는 의미로 암석의 나이가 굉장히 오래됐음을 뜻한다.

지구의 나이는 달의 나이보다 알아내기 힘들다. 지구의 암석들은 판구조론에 따라 솟아오르고, 열을 받고, 식는 과정에서 순환하고 파괴되었다. 지구상에서 상태가 변하지 않은 원석을 찾기란 쉽지 않다. 그런데도 35억 년 전에 생긴 암석이 모든 대륙에서 발견된다.

달은 상황이 완전히 다르다. 수십억 년 동안 변화가 많이 일어나지 않았다. 지구에서 발견된 가장 오래된 암석의 나이가 43억 년인데 반해 우주비행사가 달에서 가지고 온 암석 중 가장 오래된 것의 나이는 44억~45억 년 정도다.

지구의 나이에 관한 최적 추정값은 개별 암석의 연대를 평가하여 얻은 게 아니다. 지구와 달, 그리고 운석에 있는 우라늄과 납의 비율을 정확하게 계산해 얻은 값이다. 일곱 가지가 넘는 종류의 운석 수천 개의 방사성연대를 측정했는데 평균값이 45억 6000만 년이었다. 이를 지금까지 발견된 지구와 달의 가장 오래된 암석의 나이와 함께 활용해 계산해 보면, 지구의 나이는 45억 3000만~45억 8000만 년이라는 결과에 도달한다.

## 080 지구의 흙은 어떻게 만들어질까?

흙은 행성을 덮고 있는 얇은 토양층을 말한다. 지구의 중심은 액체로 된 핵이지만 나머지 대부분은 크고 단단한 암석으로 이루어져 있다. 흙의 깊이는 지표면에서 약 2미터에 불과하다.

좀 더 가볍게 표현하자면, 흙먼지는 우리가 방바닥에서 쓸고 다니는 것이자 야구를 할 때 유니폼을 더럽게 만드는 것이다.

대부분 흙은 풍화작용으로 곱게 갈린 바위의 조각들과 미생물이 분해한 식물의 잔해들로 이루어진다. 풍화작용에는 수분, 온도, 바람, 비, 결빙, 융해 등이 영향을 끼친다. 바위가 수백 년에 걸쳐 미세한 알갱이가 되고, 이 작은 알갱이들이 부패한 나무의 뿌리나 잎, 죽은 벌레, 기생충 등과 섞인다. 그리고 물과 공기와 함께 또 다른 유기체들이 뒤섞여 이루어진 게 바로 토양이다.

토양의 알칼리도와 질감은 풍화되는 바위의 종류가 결정한다. 석회석은 비옥하고 고운 질감의 중성 토양이 된다. 내 고향 위스콘신주에는 석회석 기반의 토양이 많다. 혈암이라고도 부르는 부드러운 셰일암은 찰진 흙(중점토)이 된다. 사암은 거친 모래흙(사질토)이 된다. 또 화강암은 산성의 사양토가 된다.

어두운 검은색 토양에는 오래전 식물의 잔해가 많이 섞여 있다. 미네소타주 남부의 검은 토양은 세계에서 가장 비옥한 토양 가운데 하나다. 밝은색 토양에는 규산염이나 모래가 많이 포함되어 있다. 사질토는 물이 빨리 빠지는 성질이 있어 농사를 지으려면 많은 물이 필요하다. 그래서 사질토 토양에는 관개시설이 많다.

중점토에는 알갱이가 극히 작은 광물질과 평평한 입자가 꽉 들어차 있다. 대체로 불그스름한 색이며 마르면 단단해지지만, 배수는 잘 안 된다. 젖은 상태일 때는 찰기가 있다. 미국 남부에 위치한 조지아주나 앨라배마주에는 중점토 토양 지역이 많다.

토양은 식물을 자라게 하고 사람들이 먹을 작물의 생장에 필수적이다. 미국의 모든 주에는 '주정부 공식 토양'이 있는데, 스무 개 주에서는 입법기관을 통해 공식 토양을 명시하고 있다. 내 고향 위스콘신주는 1983년 입법부에서 '안티고 미사질 양토'를 공식 토양으로 지정한 바 있다. 숲의 형성에 적합하고, 낙농업, 감자 재배에 좋은 배수가 잘되는 토양이다.

## 081 지구에는 왜 중력이 있을까?

우리는 모두 중력에 익숙하다. 손에 공을 쥐고 있다가 놓으면 당연히 아래로 떨어진다. 사람들은 중력의 성질을 잘 알고 있으며, 선천적으로 모두 중력을 무서워한다. 높은 사다리나 빌딩 위에 올라가 아래를 보면, 우리가 균형을 잃었을 때 중력이 벌일 일을 알고 본능적으로 겁을 먹는다.

중력은 떨어지는 물체의 속도를 점점 빠르게 만든다. 즉 물체는 떨어지며 가속한다는 얘기다. 영미권에서 사용하는 측정 단위로 보면, 낙하하는 물체는 초당 32피트씩 빨라진다. 미터법으로 하면, 매초 초속 10미터쯤 더 빨라진다는 얘기다. 이를 '중력가속도($9.8m/s^2$)'라고 부른다.

중력의 힘은 지구의 질량, 그리고 당겨지는 물체의 질량에 달려 있다. 질량이 클수록 무게가 많이 나가는데, 물체의 무게는 곧 그 물체에 작용하는 중력의 힘이기 때문이다.[37]

지구의 중력은 지표면에서 멀어질수록 약해진다. 자연의 많은 법칙과 마찬가지로 중력도 역제곱 법칙을 따른다. 지구에서 두 배로 멀어지면 중력이 당기는 힘은 역제곱한 값, 즉 4분의 1로 줄어든다. 거리가 세 배가 되면 중력은 그 역제곱인 9분의 1이 된다.

---

37 질량은 물체를 이루는 물질의 양이고, 무게는 지구의 중력이 물체를 끌어당기는 힘의 크기다. 질량은 장소 변화에 상관없이 불변하지만 무게는 달라진다.

아이작 뉴턴은 1667년 연구를 시작해, 인류 최초로 중력을 수학으로 풀어냈다. 사과를 나무에서 떨어지게 만드는 힘이, 바로 달이 지구 주위를 돌게 만드는 힘이라는 사실을 알아낸 것이다.

20세기 초 알버트 아인슈타인은 중력을 시간과 공간의 기하학으로 재정립했다. 질량은 주변의 시공간을 휘어지게 한다. 물체들은 이 굴곡을 따라 움직이게 되는데, 그러한 움직임을 우리는 '가속'이라고 부른다.

만유인력은 여전히 큰 수수께끼다. 왜 우주에 있는 두 개의 물체는 서로에게 끌릴까? 오늘날 과학의 한 가지 목표는 만유인력(중력), 전자기력, 그리고 두 개의 핵력(강핵력, 약핵력)을 모두 설명해 낼 수 있는 통합 이론을 정립하는 것이다. 현재의 과학 지식으로 지구가 왜 중력을 가지고 있는지에 대한 가장 단순한 최고의 답변은, 지구는 질량을 가졌고 중력은 질량의 속성이라는 것이다.

## 082 아무것도 없는 공중에서 무엇이 바람을 일으킬까?

바람을 일으키는 것은 지표면의 한 지역과 다른 지역 간의 압력(기압)의 차이다. 공기는 압력이 높은 곳에서 낮은 곳으로 이동하는 속성

이 있는데, 이 현상을 바람이라고 한다.

일반적으로 바람은 태양열이 지구 표면에 고르게 전해지지 않아 발생한다. 지구의 표면은 지역마다 바다와 대지로 다르게 구성되며, 각각의 지표면이 햇빛을 흡수하고 반사하는 양은 서로 다르다. 이렇게 해서 뜨거워진 공기는 상승해 지표면을 누르는 압력을 낮추고, 반대로 차가워진 공기는 하강해 압력을 높인다.

하지만 바람의 방향은 여러 가지 다양한 요소에 영향을 받는다. 예를 들어, 지구의 자전은 북반구의 대기를 오른쪽으로 휘어지게 하는데 이 현상을 전향력, 즉 코리올리 효과라고 한다. 코리올리 효과로 인해 바람은 고기압에서는 시계 방향으로, 저기압에서는 반시계 방향으로 흐른다. 고기압과 저기압의 거리가 가까워져 기압경도가 상승하면 바람이 강해진다. 나무와 숲도 지구의 표면에 반사되고 흡수되는 햇빛의 양에 관여한다. 또한 지표에 눈이 많이 쌓이면 복사선을 반사해 우주로 되돌려 보내기도 한다. 그리고 찬 공기는 압력을 상승시킨다.

상황을 더 복잡하게 만드는 요소들도 있다. 지구의 특정 부분, 적도 인근은 1년 내내 햇빛을 직선으로 받아 더운 기후를 유지한다. 반대로 극지방 부근은 햇빛을 간접적으로 받아 날씨가 춥다. 열대 기후의 따뜻한 공기가 상승하면 차가운 공기가 이동해 그 빈자리를 채운다. 이런 대기의 흐름도 바람이 불게 한다. 바람은 매우 역동적이고 복잡한 움직임으로 인해 일어나기 때문에 날씨는 정확하게 예측하기가 힘들다.

요즘 미국 전역에서 풍력 발전소를 흔히 볼 수 있는데, 해안가에 특히 많다. 해안가는 낮에는 바다에서 땅으로, 밤에는 땅에서 바다로 많은 바람이 분다. 왜냐하면 땅이 물보다 더 빨리 뜨거워지고 빨리 식어서 기압의 차이를 만들기 때문이다.

## 083 달은 왜 낮에도 보일까?

이 현상에는 두 가지 요소가 작용한다. 첫째, 달은 굉장히 밝다. 실제로 달은 대낮의 파란 하늘을 배경으로도 보일 만큼 밝다. 물론, 스스로 빛을 발하지는 않아 태양만큼 밝지는 않다. 달은 단지 태양의 빛을 반사할 뿐이다. 하지만 밤하늘에 빛나는 가장 밝은 별보다 수십만 배 밝다.

달이 밝은 것은 많은 빛을 반사하기 때문이다. 과거 농경사회에서는 달빛이 밝은 밤에 농작물을 거두기도 했다. 그래서 조상들은 추분(9월 21일 혹은 22일) 무렵에 뜨는 보름달을 수확월(harvest moon)이라고 불렀다. 4년에 한 번, 수확월은 10월에 뜬다. 수확월 다음에 뜨는 보름달은 수렵월(hunter's moon)이라고 한다.

둘째, 달이 지구를 한 바퀴 도는 데는 30일보다 약간 짧은 기간이 걸린다(우리는 이 기간을 '개월'이라고 부른다). 이 중 일부 기간, 보름에 가까워지면 달은 하늘에서 태양의 반대편에 머문다. 태양이 질 때 달이 떠오른다. 하지만 날이 지날수록 달은 한 시간씩 늦게 떠올라, 점점 해가 떠오르는 이른 아침과 가까워진다. 마침내 달은 해와 거의 같은 시간에 뜨고 같은 시간에 진다.

그리고 달은 다시 보름이 될 때까지 하늘의 해와 조금씩 멀어진다. 달의 모습은 지구와 태양 사이에 위치하는 각도에 따라 달라져, 다양한 모습으로 우리를 비춘다.

이 단계에서 지구에 있는 우리들은 달이 태양빛을 반사해 보내는 빛을 본다. 그래서 달은 낮에도 보인다. 일출 후 달을 봤다면, 보름으로 향해 가는 새로운 달(신월)로, 매일 아침 달이 조금씩 더 많이 보이게 된다.

달은 밤에 보이는 시간만큼 낮에도 모습을 드러낸다. 낮달이 새삼스럽게 보이는 이유는 우리가 달은 밤에만 뜬다고 생각하기 때문이다. 물론 밤하늘의 달이 더 밝은데, 이것은 단지 달이 어두운 배경에서 잘 보이는 탓이다.

달과 관련된 영어 단어 중에는 '루나(luna)'라는 라틴어가 붙는 것이 있다. luna의 어원은 '루체레(lucere)'로, '밝게 빛나다'라는 뜻이다.

야구공과 농구공, 전구를 준비해 보자. 전구는 태양이다. 전구와 마주하도록 농구공(지구)을 전면에 두자. 그리고 농구공 주위로 야구공(달)을 움직이면 달의 모든 변화 단계를 볼 수 있고, 또한 낮에 달을 볼 수 있다. 내가 농구공 위에 서 있다고 가정해 보자. 야구공이 내 머리 위로 움직이면, 낮에 보이는 달의 위치가 된다. 물론 태양(전구)도 함께 보여야 낮이다.

## 084 오존층이 계속 파괴되면 지구에 무슨 일이 일어날까?

우리는 오존층이 필요하다. 하늘 높은 곳에 있는 아주 얇은 막[38]인 오존층은 해로운 자외선을 막아 준다. 자외선이 지표면에 너무 많이 내리쬐면 피부암이나 안과 질환(특히 백내장), 면역 체계 약화 등을 초래한다. 면역 체계가 약해지면 질병에 대응하기 힘들어진다.

오존 대부분은 지표면 위 15~30킬로미터 높이, 즉 성층권에 있다. 오존층은 피부를 그을리고 피부암을 일으키는 중파장 자외선(UVB)을 효과적으로 막아 준다.

1970년대, 과학자들은 오존 일부가 사라지거나 감소한 정황을 발견했다. 주된 범인은 무언가를 냉각하거나 거품세정제 등을 만드는 데 사용한 프레온 가스였다. 대기에 살포된 이 '나쁜 녀석들'은 주로 소화기, 스프레이, 공장 설비, 냉장고, 에어컨, 드라이클리닝 설비를 통해 배출됐다. 프레온 가스는 낮은 고도에서는 안정적인 상태를 유지하는 편이라서 성층권에 올라가기 전까지는 분해되지 않는다. 하지만 성층권에 다다르면 강한 자외선에 닿아 분해되며 염소를 생성한다. 염소 원자 한 개는 수천만 개의 오존 분자를 공격하여 분해한다. 따라서 아주 적은 양의 프레온 가스도 치명적인 피해를 입힌다.

---

38 대기권에 분포한 오존은 모두 모아 1기압을 적용했을 때 불과 0.3센티미터 정도다.

세계 각국 정부는 프레온 가스의 유해성을 알고 있다. 1970년대 초, 과학자들이 남극 대륙의 오존이 주기적으로 사라진다는 사실을 알렸다. 1985년에는 남극 오존층에 구멍이 발견됐다. 그 후 1987년 범세계적인 운동이 일어 '몬트리올 의정서'라는 국제협약에 따라 프레온 가스의 생산이 제한됐다. 선진국들은 1996년까지 단계적으로 생산을 완전히 중단했다.

최근 세 개의 위성과 세 개의 지상국에서 살펴본 결과 오존층의 구멍은 줄어들고 있다고 한다. 자연이 스스로 손상을 복구하고 있는 것이다. 2009년 말 조사에 따르면 오존 수치는 세계 대부분의 지역에서 미세하게 상승했지만, 완전히 복구되기까지는 약 50년이 걸릴 거라고 한다. 인간은 우리의 행성 지구를 손상시킬 수도 있지만, 보호할 지식도 가지고 있다. 중요한 건 의지다.

## 085 달은 왜 크기와 색이 바뀔까?

아주 좋은 질문이다. 먼저 크기에 관해 이야기해 보자. 달은 머리 위에 있을 때는 상대적으로 작아 보이고, 지평선 근처에 있으면 커 보인다. 이는 앞서 설명한 바 있는 폰조 착시와 연관된 현상으로 이탈리아의 심리학자 마리오 폰조가 자신의 이름을 따 1913년 발표했다.

인간의 뇌는 지평선 근처가 내 머리 위 하늘보다 훨씬 더 멀다고 인식한다. 이런 현상은 구름 낀 날 확실히 알 수 있다. 머리 위의 구름까지 거리는 몇백 미터같이 느껴지지만, 지평선 근처의 구름은 수 킬로미터 떨어져 있는 듯 느껴지기 때문이다. 사실 달은 항상 같은 크기지만 우리의 뇌는 지평선 근처에 있는 달을 더 크게 인식하는데, 먼 거리에 대한 일종의 보상을 주는 셈이다.[39]

재미있는 방법이 있다. 손에 연필을 쥐고 팔을 쭉 뻗어 지우개가 달린 끝부분을 떠오르는 달에 대 보자. 지우개를 기준으로 달의 크기를 표시한다. 그리고 달이 머리 위에 왔을 때 다시 같은 방법으로 비교해 보자. 달의 크기는 전혀 변하지 않았다는 사실을 알 수 있다.

이제 색에 관해 알아볼 차례다. 종종 달은 노란색, 주황색, 혹은 붉은색으로 보인다. 특히 초저녁 동쪽 하늘에 보름달이 떠오를 때 자주 일어나는 현상이다. 시간이 지나 달이 더 높이 떠올라 머리 위로 가면, 같은 달임에도 불구하고 하얀색 혹은 옅은 푸른색을 띤다. 이유는 빛의 성질 때문이다.

빨강, 주황, 노랑, 초록, 파랑, 남색, 보라색을 기억할 것이다. 빨강, 주황, 노랑은 파장이 긴 색이고, 파랑, 남색, 보라색은 파장이 짧은 색이다. 우리는 빛을 일렁이는 물결과 비교해 볼 수 있다. 전자기 복사선인 가시광선은 주파수와 파장, 파속(속도)을 그 특징으로 한다. 주파수

39 지평선에 뜬 달이 천정에 뜬 달보다 더 멀리 있는 것은 사실이기 때문에 실제로는 좀 더 작아 보여야 한다.

는 초당 진동 횟수다. 파장은 한 파동의 가장 높은 지점에서 다음 파동의 가장 높은 지점까지 거리를 말한다. 파속은 파장이 이동하는 속도를 말한다. 빛의 파동은 물과 달리 매개체가 필요 없다.

산란은 대기 중 연기나 먼지, 수분, 공기 등의 입자가 작은 거울 같은 역할을 해, 빛을 모든 방향으로 반사하는 현상을 말한다. 달이 주황색이나 붉은색으로 보이는 것은 대기 중에서 빛이 산란해 일어나는 현상이다. 달이 지평선 근처에 있으면 머리 위에 있을 때보다 달빛이 대기를 더 많이 통과한 뒤 우리 눈에 들어온다. 이 과정에서 파란색이나 녹색 파장은 대기에 흩어지고 빨간색, 주황색, 노란색 스펙트럼만 우리 눈에 도달한다. 이 현상은 일출이나 일몰 때도 일어나 붉은 해돋이와 주황빛 노을을 만든다.

빛을 반사하는 입자는 길이가 대개 가시광선 파장의 10분의 1 정도로 아주 작다. 파장이 짧은 빛일수록 더 많이 산란한다. 붉은빛은 입자 하나에 반사하기엔 파장이 너무 길다. 입자들이 '거울' 역할을 하기에 너무 짧은 것 아니냐고 생각할 수도 있지만, 파란빛의 파장은 이런 입자에도 튕길 만큼 짧다. 그래서 파란빛은 두꺼운 대기를 통과하지 못하고 모든 방향으로 반사된다. 달빛이 우리 눈에 들어오기 전에 '파남보'가 모두 소멸하는 이유다. '빨주노'만 남아 달이 붉은색 혹은 주황색으로 보이는 것이다.

몇 시간 뒤 같은 달이 머리 위에 떠오르면 달빛이 통과하는 대기가 상대적으로 얇아져 모든 빛이 통과하며 조금 더 하얗거나 푸른빛을 띤다.

## 086 모양을 바꾸는 달에는 어떤 이름이 붙었을까?

달은 여덟 단계로 분류한다. 하늘에 크고 둥근 달은 보름달이다. 금색으로 반짝이는 동전처럼 생겼다. 하늘에 달을 볼 수 없다면 신월이다. 손톱 모양의 달이 글자 'C'를 반대로 써 놓은 것처럼 생겼다면 신월을 지나 커지고 있는 초승달이다. 며칠 뒤 달이 점점 커져 글자 'D'와 닮은 반달 모양이 되면 '상현'이라고 부른다. 점점 커지는 달은 상현이고, 점점 작아지는 달은 하현이다.

상현은 '신월에서 다음 신월'까지 시기상 4분의 1 지점에 나타난다. 이 시기가 지나면 달이 부풀기 시작해 '차는 달'이라고도 한다. 영어로는 'gibbous moon'이라고 하는데, gibbous의 어원은 라틴어로 '혹'이란 뜻이다. 이때는 달의 등이 혹처럼 붓는 시기다. 보름달은 달의 위상 중 가운데 지점이고, 이 시기가 지나면 크기가 점점 줄어든다. '기우는 달' 시기를 거쳐 하현이 됐다가 그믐달을 거쳐 다시 신월이 된다.

달은 태양계에서 가장 큰 위성은 아니다. 목성의 위성인 가니메데는 지름이 5262킬로미터로 우리 달보다 훨씬 크다. 하지만 달은 모행성의 크기와 비율로 따지면 가장 큰 위성이다. 달은 상대적으로 크기가 커서 지구에 많은 영향을 끼친다. 조수를 일으키고, 지구가 궤도에서 앞뒤로 움직이게 한다. 달이 이렇게 지구를 잡아당기는 현상은 2만 6000년 간격으로 큰 동요를 일으킨다. 그리고 지구의 회전축, 즉 지축이 천

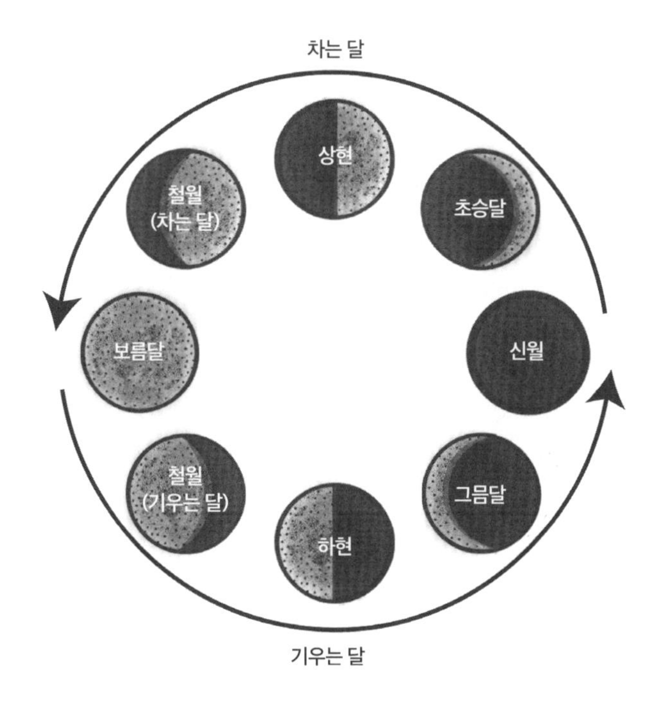


년에 걸쳐 하늘에 있는 다른 별들을 향하게 된다.

'루나(luna)'는 '달'을 뜻하는 라틴어로 달이 지구 궤도를 한 바퀴 도는 기간인 '개월'을 의미하기도 한다. 달은 지구에서 38만 4400킬로미터 거리에 있다. 태양과 비슷한 크기로 보이지만 태양은 달보다 400배나 더 먼 곳에 있다. 하지만 이렇게 하늘에서 비슷한 크기로 보이는 덕에 일식과 월식이 일어난다.

달의 나이는 45억 년으로 지구와 같다. 같은 시기에 태어난 셈이다. 달에는 공기나 대기가 없어 표면 온도가 큰 폭으로 변화한다. 태양을 바라보는 면은 약 120도에 달하며, 바라보지 않는 어두운 면은 영하 약 150도다.

지구의 표면은 지구의 중심보다 달에 가까워 달의 인력에 더 많은 영향을 받는다. 달과 등진 반대편은 지구의 중심보다도 영향을 적게 받는다. 이 힘은 지구에 상당한 영향을 미치는데, 가장 눈에 띄는 현상으로 '조수 간만의 차'가 있다. 이 외에도 지구 모양을 몇 인치 정도 바꾸어 장타원형으로 만들기도 한다. 이 현상은 지구 자전으로 인해 발생하는 적도 융기에 더해진다.

지구의 자전은 24시간으로, 29일이 걸리는 달의 공전보다 빠르다. 이런 차이로 인해 만조가 발생한 곳은 달과 지구를 잇는 축에서 벗어나게 되는데, 이때 만조 부분에 작용하는 달의 인력은 바닷물을 지구 자전 반대 방향으로 끌고 가려 해 지구의 자전 속도를 늦추게 된다. 또한 조수에 의해 바닷물이 움직일 때 일어나는 해저 바닥과의 마찰도 지구 자전 속도를 느리게 만든다. 이렇게 지구가 자전 에너지를 잃게 되면 달은 그 에너지를 얻어 공전 속도가 빨라진다. 달의 궤도도 커지고 있는데, 이는 지구에서 달이 조금씩 멀어지고 있음을 뜻한다. 실제로 달은 매년 지구에서 3.8센티미터 정도씩 멀어지고 있다.

## 087 맑은 날 보름달 주위에 보이는 고리는 뭘까?

이 아름다운 고리는 달뿐만 아니라 해 주변에서도 목격된다. 나는

농장에서 자랄 때, 무리달 혹은 무리해[40]로 부르는 현상을 보곤 했다. 이름은 달이나 해가 여러 개로 보이는 그 모습에서 유래했다.

높고 얇은 새털구름은 무수히 많은 작은 빙정을 가지고 있다. 빙정은 상승기류를 따라 하늘 높이 오른다. 입자 하나는 가늘고 긴 육각형 혹은 육면체로 아주 작은 렌즈 역할을 한다. 결정의 한쪽 면으로 들어간 빛은 다른 면으로 22도 굴절되거나 구부러져 나오는데, 달이나 태양의 광륜 반경과 일치한다. 빙정은 대부분 크기와 모양이 같아, 무리달이나 무리해의 크기도 항상 일정하다. 이 고리는 심지어 무지개색을 띠기도 한다.

날씨와 관련된 속설에 통달한 내 친구는 달 주위에 고리가 생기면 날씨가 안 좋아진다고 말한다. 고리를 만드는 높고 얇고 성긴 새털구름은 대개 온난전선에 하루나 이틀 앞서 나타난다. 온난전선은 대개 저기압과 연관돼 태풍을 불러온다.

저기압으로 뒤덮인 지역은 공기가 상승한다. 상승한 공기는 식어서 수분이 구름이나 강우로 응결된다. 그래서 저기압은 많은 구름을 동반하며 비, 눈 등이 내릴 확률도 높아진다. 이렇게 기억하면 된다. 저기압은 분위기가 내려가 날씨도 흐려지고, 고기압은 분위기가 상승해 날씨도 좋아진다.

아주 가끔, 상승기류에서 빙정 대부분이 다른 방향으로 향할 때가 있다. 그러면 빙정이 46도 광륜을 형성하며 22도 광륜보다 흐린 빛을 띤다. 이 희귀한 고리는 달보다는 해 주변에서 자주 보인다.

---

40 태양의 양쪽 또는 한쪽에서 나타나며 환일이라고도 한다.

# 088 이른 아침 하늘에서 움직이는 밝은 빛은 뭘까?

국제우주정거장, 즉 ISS(International Space Station)를 봤을 확률이 높다. 하지만 별똥별, 혜성, 비행기, 인공위성 등일 가능성은 없을까?

별똥별이라고도 불리는 유성이라면, 갑자기 하늘에 나타난 빛이 매우 빠른 속도로 줄을 긋고는 사라져 버린다. 길어야 단 몇 초만 볼 수 있다. 질문의 답일 확률은 낮다. 비행기일 수도 있다. 비행기도 고도에 따라 밤하늘에서 느리게 움직이기도 한다. 하지만 대개 비행기의 양 날개에는 적색 신호등이나 위치등이 있어 구분할 수 있다.

아주 천천히 움직였다면 인공위성일 확률이 높다. 정찰 위성, 날씨 위성, 탐사 위성 등 많은 위성이 북에서 남으로 움직인다. TV나 위성 방송 수신에 사용되는 인공위성은 지구정지궤도에 언제나 같은 위치에 있다. 이 위성은 지구를 한 바퀴 공전하는 데 24시간이 걸린다. 지구가 축을 기준으로 자전하는 시간과 일치한다. 위성 궤도를 3만 6000킬로미터 상공에 맞추면 지구의 자전에 맞춰 공전하게 된다. 이 인공위성은 언제나 적도를 따라 돈다. 그러니 하늘에서 움직이는 물체는 이런 종류의 위성은 아니다.

질문자는 서쪽에서 동쪽으로 움직이는 ISS를 봤을 확률이 가장 높다. ISS는 최근 몇 년 동안 규모가 굉장히 커졌다. 모듈에 모듈을 더하고 태양열 전지판도 많이 확장했다. 지표면에서 약 402킬로미터 상공에 있으며, 시속 2만 8163킬로미터의 속도로 지구 궤도를 90분 만에 주파한다. 지구 궤도에 다른 인공위성들도 많지만 ISS만큼 밝은 인공위성은 없다.

ISS는 다른 위성보다 낮은 궤도를 돌기 때문에 해가 뜨기 전 몇 시간, 해가 진 뒤 몇 시간 동안만 목격된다. 위성 자체는 어둡지만 햇빛이 ISS의 표면을 때리고 반사되면 환히 빛난다. 지구 위의 관측자를 기준으로, ISS는 이쪽 지평선에서 떠올라 반대쪽 지평선으로 사라질 때까지 90초가 걸린다.

호기심과 모험심을 자극할 만한 일이 또 있다! 하늘의 이리듐 빛을 찾아보자. 이리듐은 통신 서비스 회사로 우주에 66기의 인공위성을 띄워 두고 있다. 이리듐 위성은 길이 약 4미터에 폭은 1미터 정도로 별로 크지 않다. 하지만 각각의 위성에는 문짝만 한 크기의 빛나는 알루미늄 판(태양열 판과 안테나)이 있어 햇빛을 거울처럼 반사한다. 인공위성의 축은 지구의 표면과 수직을 유지한다. 그래서 프로그램을 이용하면 위성에 빛이 반사되는 날짜와 시간, 관측 장소까지 알 수 있다. 지구에서 보면 짧은 섬광이 점점 밝아져 극한까지 빛났다가 아무 일도 없었다는 듯이 사라진다. 이 전체 과정은 불과 5~20초 사이에 끝난다.

이리듐 위성을 볼 수 있는 시간은 대략 해가 뜨기 직전이나 해가 진 직후로, 태양은 관측자의 시점에서 지평선 아래로 물러나 있지만, 인공위성은 하늘의 높은 지점에 있어 충분한 빛을 반사하게 된다. 사람들은 가끔 이 짧고 강렬한 불빛을 UFO로 착각해 신고하기도 한다. 인공위성에 속은 셈이다!

6장

# 지구 밖 우주의 신비를 풀어 보자

## 089 달에는 왜 크레이터가 있을까?

달의 표면에는 운석, 혜성, 소행성이 충돌해 생긴 크레이터의 흔적이 많이 있다. 지금까지 달에 부딪힌 물체의 평균 속도는 초속 약 19킬로미터에 이른다. 이런 방문객은 달의 단단한 표면을 때리며 바위를 조각내고 우묵하게 팬 구멍을 만드는데, 자기 지름보다 약 10~20배 큰 흔적을 남긴다. 충돌로 인한 충격으로 운석은 작게 조각나는데, 이때 발생한 열기가 그 조각들을 녹이거나 기화한다.

지구에도 소행성이나 운석이 충돌해 생긴 크레이터가 있다. 하지만 충돌 시에는 지구의 두꺼운 대기가 방어막 역할을 한다. 소행성이 지구에 접근하면 대기가 소행성을 감싸고, 이 마찰로 불꽃이 일어 수천 도까지 온도가 상승한다. 불붙은 운석은 입자들이 타며 꼬리를 남겨 우리에게 유성(별똥별)으로 목격된다. 운석 대부분은 지표면에 닿기도 전에 산산이 부서진다. 지구의 대기는 우리가 살고 있는 지표면을 보호하는 보호막이자 쿠션 같은 역할을 한다.

하지만 달에는 이렇게 보호막 역할을 해 줄 대기가 없다. 과학자들은 매일 수많은 운석이 떨어져 달을 '두들겨 팼다'고 추정한다. 달의 표면에는 수백만 년에 걸쳐 생겨난 그 증거들이 고스란히 남아 있다. 거대 크레이터 '코페르니쿠스'는 지름이 96킬로미터에 달한다. 지구에서는 지각 변동과 바람, 비, 빙하 등으로 인한 지표의 변화로 크레이터의 흔적들이 대부분 풍화된다. 달에는 이 같은 현상이 없으므로 수십억 년

이 지나도 그대로 남는다. 달에 생긴 크레이터를 지울 유일한 방법은 그 위에 새로운 충격이 가해져 더 큰 크레이터로 덮는 것이다.

사실 지구도 달만큼이나 많은 충돌을 겪었다. 지구의 지름은 달의 네 배고 질량은 80배에 달해 소행성이나 혜성과 부딪힐 확률이 더 크다. 하지만 침식, 지질 구조의 변화, 화산활동 등의 지표 현상으로 인해 대부분의 크레이터가 사라진 것이다.

태양계에 존재하는 모든 고형 물체에는 크레이터 흔적이 있다. 수성은 달과 닮은 점이 많다. 금성의 대기는 두꺼운 이산화탄소 구름으로 이루어져 있지만, 무인 착륙선으로 살펴보니 금성 표면에는 크레이터 흔적이 완연하게 남아 있었다. 금성과 화성에는 화산활동으로 인한 분화구도 다수 존재한다.

지구의 크레이터 흔적은 북미에만 57곳으로, 지구 전체를 따져 보면 170곳이 넘는다. 멕시코 유카탄 반도에 있는 칙술루브 크레이터는 눈으로 가늠하기는 힘들지만,[41] 위성 이미지와 지역 중력장의 변화, 땅에 생긴 고리 모양의 흔적을 단서로 충격 지역의 크기를 짐작할 수 있다. 많은 과학자는 이때 발생한 화재, 쓰나미, 먼지구름 및 수분 증발이 6500만 년 전 공룡이 멸종하는 원인이 되었을 것으로 추정한다.

지구에서 발견되는 가장 큰 충돌 흔적은 남아프리카에 있는 브레드포트 돔이다. 20억 년 전에 생겼으며 지름이 300킬로미터 이상이다. 애리조나 윈슬로 인근에 위치한 베링거 크레이터는 버킷리스트에 꼭 올려놔

---

**41** 직경은 약 180킬로미터고 깊이는 약 20킬로미터에 달한다고 한다.

야 할 장소다. 지름 46미터에 철을 다량으로 함유한 운석이 5만 년 전 이곳에 충돌했다. 그 운석은 너비 1.2킬로미터, 깊이 229미터의 크레이터를 남겼다. 이곳에는 훌륭한 방문객 센터가 마련되어 있는데, 전시와 가이드 투어를 제공한다. 원한다면 크레이터에 내려가 둘러볼 수도 있다.

1908년에는 커다란 유성이 러시아 시베리아의 퉁구스카강 인근에 떨어졌다. 이 퉁구스카 운석은 1945년 일본 히로시마에 떨어진 폭탄보다 185배 강력한 폭발을 일으켰다. 이 폭발은 8000만 그루의 나무를 쓰러뜨리고 수많은 순록의 목숨을 앗아갔다. 비교적 최근인 2013년 2월 15일에는 20미터 폭의 돌덩이가 러시아 우랄산맥 첼랴빈스크 지역 상공에서 불을 뿜으며 낙하했다. 이 운석은 시속 6만 4374킬로미터의 속도로 비행하다 지표면 8킬로미터 상공에서 산산조각났다. 이때의 충격파로 약 1200명이 다쳤다.

## 090 인간이 화성에 갈 수 있을까?

물론 인간은 화성에 갈 수 있다(아직까지 유인우주선이 화성에 간 적은 없지만). 하지만 이 여정은 비용이 굉장히 많이 들고, 위험하며, 오랜 시간이 걸린다. 경제적인 효과는 말해 봐야 논쟁만 일으킬 뿐이다. 예를 들어, 화성의 토양에 철이 많다지만 철은 지구에도 엄청난 양이 있다.

미국은 단지 인류 최초로 화성에 발을 딛는 데 중점을 두진 않는다. 요즘은 1960년대 냉전 당시 달 착륙 경쟁을 벌일 때와는 상황이 다르다. 당시에는 소련보다 먼저 달에 도착해 미국의 기술력이 우월함을 증명해야 했다. 물론, 이 경쟁을 통해 과학이 발전하고 여러 기술과 결과물이 나왔으며 부수적인 이점도 많았다. 하지만 당시 우주개발 경쟁에는 과학보다 정치가 더 많이 작용했다.

달에는 3일이면 가지만 화성은 편도로 8개월이 걸린다. 잠시 머무른 뒤 돌아오는 데 또 8개월이 걸리니, 화성을 왕복하려면 최소 16개월 이상이 소모된다. 그 기간 동안 사방이 막힌 우주선 안에서 가족과 친구들로부터 멀리 떨어진 채 의료 시설도 이용하지 못하면서 매일 똑같은 동료들과 생활하려면 엄청난 정신력이 필요하다.

그리고 화성은 생각처럼 아무 때나 갈 수 있는 곳이 아니다. 화성에 우주선을 보낼 수 있는 특정 시간대를 '발사 윈도(launch window)'라고 한다. 우주선은 반드시 정확한 발사 시간대에 이륙해 정확한 시간에 착륙하고, 임무를 수행한 뒤 복귀선과 만나야 한다. 발사 시간은 지구에 있는 발사대의 위치와 목표물의 위치, 즉 화성의 공전 위치에 따라 결정된다. 화성행 발사 윈도는 26개월마다 열린다. 우주선 발사는 움직이는 표적(화성)에 다트를 던지는 것과 비슷한데, 심지어 던지는 사람이 서 있는 땅(지구)도 움직이는 셈이다.

지구에서 발사된 우주선은 먼저 태양을 중심으로 공전하는 궤도를 돌다가 이륙 약 8개월 뒤에 화성 궤도에 들어간다. 화성의 대기는 진입하기가 무척 까다롭다. 수많은 무인우주선이 이 결정적인 단계에서 실패를 거듭했다. 전자기적 결함, 연료 부족, 우주선의 속도 문제, 모래폭풍, 궤도 오류, 바위 충돌 등 변수가 너무 많다.

또 다른 큰 문제는 지구와 화성 사이의 통신 지체다. 지구에서 달까지의 전파 전달 소요 시간은 1.5초에 불과하다. 하지만 지구에서 화성으로 전파를 보내면 도달하는 데 20분이 걸린다. 답을 받으려면 또 20분을 기다려야 한다. 만약 우주비행사가 NASA로 도움을 요청하면 답신을 받기까지 총 40분이 걸린다. 그것도 NASA에서 즉각 답을 했을 때 얘기다.

화성은 여행 갈 만한 장소가 아니다. 인간에게 매우 적대적인 장소로 대부분 이산화탄소로 이루어진 얇은 대기는 열을 잡아 두지 못해 적도 부근의 평균 기온이 영하 46도에 이른다. 대기압이 굉장히 낮고 기온도 낮아, 물이 일반적인 액체 상태로 존재하지 못한다.

내 생각에 화성을 무인우주선으로 탐사하는 상황이 앞으로 몇 년 동안 지속될 듯하다. 미국의 비영리과학단체 '행성협회'에 따르면, 1960년부터 약 40대의 우주선이 화성으로 보내졌다. 2005년 8월에는 NASA의 화성 정찰위성이 발사돼 화성을 저궤도에서 날며 지도를 만들었다. 2007년 발사된 피닉스 화성 착륙선은 2008년 5월 화성에 터치다운했다. 이 우주선은 극지방 빙원 인근에 착륙해 표면을 46센티미터 가량 파서 얼음과 물을 조사했다.

2011년 NASA는 최첨단 화성과학연구실 탐사 차량을 화성에 보냈다. 또 2012년 8월 6일 큐리오시티호를 화성 표면 게일 크레이터 분화구에 착륙시키는 데 성공했다. NASA는 이 우주선의 이름을 대중에 공모했는데, 웹사이트를 통해 수백 개의 이름 후보가 거론됐다. 어드벤처

(모험), 퍼수트(추구), 비전(환상), 원더(놀라움), 퍼셉션(통찰력) 등이 포함되어 있었다. 캔자스주에 사는 6학년 학생이 보낸 이름이 채택됐는데, 그게 바로 큐리오시티(호기심)였다. 이 이름을 제안한 클라라 마는 이렇게 썼다. "일상을 열정으로 이끄는 건 호기심이에요. 궁금한 질문에 답을 찾는 과정에서 탐험가도 되고, 과학자도 되거든요."

## 091 토성의 고리는 무엇으로 이루어져 있을까?

당신이 망원경으로 토성을 볼 기회가 있었다면, 자연의 가장 놀라운 장면 중 하나를 목격한 셈이다. 1610년 토성의 아름다운 고리를 처음으로 목격한 갈릴레오가 그로부터 많은 영감을 얻었듯이 말이다.

토성에는 지금까지 네 대의 무인우주선이 방문했다. 2004년 7월에는 카시니호[42]가 토성의 궤도에 진입했다. 이 우주선은 토성과 그 위성의 컬러사진 수천 장을 촬영해 지구로 보냈다. 그리고 싣고 간 탐사선 호이겐스호를 토성의 위성인 타이탄의 표면에 착륙시키는 데도 성공

42 1997년 플로리다주 케네디 우주센터에서 발사된 카시니호는 임무를 마친 뒤 2017년 9월 15일 산화했다.

했다. 손수레 정도 크기의 탐사선 호이겐스호는 놀라운 외계의 모습을 사진에 담아 지구로 전송했다.

토성 주위에는 500~1000개에 달하는 고리들이 간격을 두고 형성돼 있으며, 이 고리들은 주로 얼음과 바위, 먼지로 이루어져 있다. 모두 합친 폭은 28만 1635킬로미터에 이르지만, 두께는 겨우 90미터 정도다. 가장 작은 입자는 모래알보다 작지만, 버스만 한 크기의 입자도 있다. 하지만 크기에 상관없이 작은 입자 하나를 단일 위성으로 봐야 한다는 견해도 있다.

토성은 크고 작은 위성을 62개 가지고 있다. 일부 작은 위성은 크기가 1.5~3킬로미터에 불과하다. 가장 큰 위성인 타이탄은 우리의 달보다 훨씬 크다.

우리는 달이 지구를 당기고 지구가 달을 당긴다는 사실을 알고 있다. 서로에게 작용하는 인력으로 지구의 조수를 일으킨다. 이런 기조력은 단단한 물체에도 작용한다. 달 같은 물체가 행성에 너무 가까이 공전하면 기조력이 그 물체를 산산조각으로 부숴 버린다. '로슈 한계'는 행성에 접근한 물체가 부서지지 않는 한계 거리를 수학적으로 계산해 주는 법칙이다. 지구의 로슈 한계는 약 1만 9312킬로미터다. 우리의 달은 이보다 스무 배 정도 떨어진 거리에 있으니 걱정할 필요는 없다.

토성은 지구보다 질량이 100배 정도 커서 로슈 한계가 행성의 표면에서 꽤 먼 곳에 형성된다. 토성의 고리는 수십억 년 전부터 토성에 접근한 위성, 바위, 혜성 그리고 다른 잔해물들이 궤도에 갇히며 형성됐다. 최근에도 태양계에 들어오는 소행성 및 다른 물체들이 아주 많은 데, 토성에 너무 가까이 다가가면 고리에 갇히게 된다.

다른 거대 가스 덩어리인 목성, 천왕성, 해왕성도 주변에 고리를 가지고 있다. 하지만 흐려서 잘 보이지 않는 성긴 모습의 고리다. 토성은 로슈 한계 안에 다수의 물체를 보유해 촘촘한 고리를 가지고 있다.

고리들 사이에는 간격이 있다. 가장 큰 간격은 카시니 간극이다. 지구에서 보면 고리 안에 있는 검은 틈으로 보인다. 이 간극은 1675년 조반니 카시니[43]가 파리 천문대에서 처음으로 발견했다.

## 092 타지 않고 태양에 얼마나 가까이 갈 수 있을까?

그렇게 가까이 가지는 못한다. 태양의 표면은 섭씨 약 5538도에 달한다. 일반적으로 사용하는 피자 오븐의 온도는 약 370도 정도다.

태양은 지구에서 약 1억 4966만 8992킬로미터 거리에 있다. 자동차를 타고 시속 105킬로미터로 멈추지 않고 달리면 160년 뒤에나 도착할 수 있는 거리다. 태양은 지구에서 달까지의 거리보다 400배 먼 곳에 있다.

---

43 1625년 이탈리아에서 출생한 천문학자로 후에 프랑스로 귀화하여 장 도미니크 카시니라고도 한다. 토성 근처에서 네 개의 위성을 발견하기도 했다.

만약 알루미늄으로 만든 우주선을 타고 태양을 향해 날아가면, 1287만 4752킬로미터 근처까지 다가갈 수 있다. 이 지점의 온도는 660도로 알루미늄이 녹기 시작한다. 태양에 더 가까이 가려면 태양열을 흡수하는 것 이상으로 빨리 방출시키거나 반사해야 한다. 태양을 향하는 우주선의 면을 은색이나 흰색으로 칠하는 게 하나의 방법이 될 수 있다. 그리고 태양을 바라보지 않는 면은 검게 칠한다. 흰색은 열을 반사하고 검은색은 흡수하는 특징을 활용하는 것이다. 다른 방법은 우주선을 길고 가느다란 바늘처럼 만들어 뾰족한 부분을 태양으로 향하게 하는 것이다. 이렇게 하면 우주선의 최소 부위만 태양에 노출되므로 더 많은 열을 방출할 수 있다. 세 번째로 적용할 기술은 우주왕복선에 사용하는 타일로 우주선 외부를 뒤덮는 것이다. 열차폐용 탄소섬유로 2593도를 견딜 수 있다. 이제 태양까지 약 305만 7754킬로미터 남았다. 위험지역이다. 이 정도로 가까운 거리에서의 우주복사는 우주선 안의 사람을 몇 시간 내로 죽일 수 있다.

NASA는 2004년 수성탐사선 메신저호를 발사했다. 담대하고 복잡한 임무를 부여받은 냉장고 크기의 이 우주선은 지구를 돌아 금성을 거쳐 수성을 지나쳤다가 2011년 3월 다시 수성의 궤도에 들어갔다. 메신저호는 태양으로부터 4828만 320킬로미터 거리까지 진입했다. 메신저호에는 커다란 세라믹섬유 햇빛 가리개가 장착되어 있었다. 이 우주선은 수성 표면 전체를 촬영하고 토양 성분을 연구했으며, 자기장 지도를 그리고 대기 실험까지 완료했다. NASA는 2012년 11월 수성의 북극 인근, 영구적으로 햇빛이 들지 않는 지역에서 물과 얼음, 유기 화합물을 찾았다고 발표했다.

어쨌든 사람이 태양 가까이 접근하는 건 실용적이지 않을 뿐더러 현명하지 못한 생각이다. 그냥 뒷마당에 누워 한 시간 이내로 일광욕하는 데 만족하자.

## 093 지구에서 금성까지 로켓을 타고 가면 얼마나 걸릴까?

사랑과 미의 여신의 이름을 딴 금성(비너스)에 가려면 약 150일 정도가 걸린다. 지구에서 금성으로 직진해 가는 건 쉽지 않다. 엄청난 추진력과 로켓 연료가 필요하다. 현재 이렇게 강력한 로켓을 가진 국가는 없다. 하지만 훨씬 쉬운 방법이 있다. 우주선을 태양을 순회하는 궤도에 먼저 보낸 다음 금성의 궤도에 진입하도록 하는 것이다.

과학자들은 뉴턴의 법칙, 케플러의 법칙, 그리고 호만 전이 궤도를 이용해 우주선을 금성과 수성, 그리고 화성, 목성, 토성, 천왕성, 해왕성으로 보낸다.

뉴턴의 세 가지 운동 법칙은 물리 역학의 기본이다. 첫 번째는 관성의 법칙, 두 번째는 힘과 가속도의 법칙(물체에 작용하는 힘=물체의 질량×가속도, F=ma), 세 번째는 작용과 반작용의 법칙이다. 이 모두를 고려해 우주여행에 필요한 에너지와 경로, 기술을 결정한다.

요하네스 케플러는 하늘을 지나는 행성의 움직임을 결정하는 세 가지 법칙을 발견했다. 첫 번째는 궤도의 법칙이다. 모든 행성은 태양의 한 지점을 기준으로 형성된 타원형 궤도를 따라 움직인다. 두 번째는 태양과 행성을 연결하는 선분이 동일한 시간 동안 그리는 면적은 항상 일정하다는 것이다. 세 번째 법칙은 태양까지의 거리와 궤도를 도는 데 걸리는 시간에 관한 법칙이다. 첫 번째와 세 번째는 우주를 여행하는 데 매우 중요하다.

독일의 기술자이자 로켓 마니아인 발터 호만은 1925년 펴낸 책에서 우주비행선이 두 개의 엔진을 이용해 한 궤도에서 다른 궤도로 옮겨가는 방법을 정확한 시간, 방향, 추력 및 기간까지 계산해 발표했다.

금성은 아무 때나 갈 수 있는 곳이 아니다. 기회는 19개월에 한 번씩 찾아온다. 금성이 지구보다 54도 낮은 위치에서 궤도를 도는 순간이다. 하루 중 발사 시간도 중요하다. 금성에 가려면 우주선은 반드시 현지 시각으로 오전 7시 40분 무렵에 발사돼야 한다. 정확히 이때 발사대 위에 정확한 방향으로 설치된 우주선이 금성을 향한 첫 불꽃을 내뿜어야 성공할 수 있다.

이런 어려움에도 불구하고, 미국과 러시아, 유럽 국가들은 거의 30기의 우주선을 금성으로 보냈다. 미국의 마젤란 탐사선은 레이더를 이용해 금성 표면의 98퍼센트를 지도로 제작했다. 1990년에 시작한 임무였다. 유럽우주기구(ESA)가 2005년 11월 발사한 비너스 익스프레스는 2006년 4월 금성 인근 궤도에 진입했다. 과학 장비를 싣고 간 이 우주선은 금성의 구름에서 번개가 치는 모습을 사진으로 남기는 데 성공했다. 일본은 2010년 우주선 아카츠키를 발사했지만 금성 궤도에 진입하는 데 실패했다. 이 우주선은 태양 궤도에 있다가, 2015년 비로소 금성 궤도에 진입하는 데 성공했다.

금성은 태양에서 두 번째로 가까운 행성이다. 크기나 밀도, 중력, 구성 성분 등이 지구와 비슷해서 가끔 우리의 '자매 행성'으로 언급되기도 한다. 하지만 성질이 고약한 자매다. 표면 온도는 피자 오븐보다 뜨거운 482도나 된다.

금성은 한여름 실외에 주차된 차와 비슷하다. 차의 창문을 통해 들어온 햇빛은 내부 물체에 흡수되고 시트와 대시보드 등이 다시 적외선으로 열을 방사한다. 적외선은 가시광선보다 파장이 훨씬 길어 유리를 통과하지 못한다. 그래서 이 열기가 차에 갇히고 온도가 올라간다. 금성의 두꺼운 이산화탄소와 황산 구름이 자동차의 유리 같은 역할을 한다. 온실효과의 끝을 보여 준다.

금성의 대기압은 지구의 90배에 이른다. 이렇게 높은 기압은 다음 사례를 남겼다. 러시아가 우주선을 금성에 착륙시켰다. 이 우주선은 금성에 열 대의 탐사선을 내려 오랜 시간 임무를 수행하려 했다. 하지만 가장 길게 버틴 탐사선이 고작 2시간 정도 임무를 수행하는 데 그쳤다.

금성의 대기는 사람이 내뿜는 날숨보다 이산화탄소 농도가 높다. 표면 환경은 끔찍한 수준이다. 바싹 마른 섭씨 482도의 대지는 물을 증발시킨다. 대부분 척박한 평지지만 수천 개의 화산과 네 개의 산맥이 있다.

금성은 대기의 구름이 햇빛을 많이 반사하기 때문에 미국의 서쪽 밤하늘 혹은 동쪽 아침 하늘에서 볼 수 있다. 이 밝은 행성을 보고 제2차 세계대전 당시 사수들이 적기로 착각해 총을 쏜 일도 많았다. 금성은 UFO로도 자주 신고된다.

금성은 자전축을 한 바퀴 도는 데 243일이 걸리고, 태양 주위를 한 바퀴 공전하는 데는 225일이 걸린다. 따라서 믿기 어려운 얘기지만, 금성의 하루는 1년보다 길다. 태양계를 위에서 보면 다른 모든 행성은 반시계 방향으로 회전하지만, 금성은 시계 방향으로 회전한다.

## 094 달은 무거운데 왜 추락하지 않을까?

사실 달은 떨어지고 있다. 그렇게 보이진 않지만, 달은 우리 지구를 선회하며 떨어지는 중이다. 하지만 더 정확하고 심도 있게 이해하려면 '힘'의 개념을 알아야 한다.

힘은 밀거나 당긴다. 가장 흔한 힘은 중력이다. 중력은 지구 위에 있는 물체에 작용해 지구 중심을 향해 곧장 당겨지는 현상이다.

그런데 어떤 물체에 힘이 가해진다고 그 물체가 반드시 그 방향으로 가는 건 아니다. 볼링공이 레인 가운데를 굴러가고 있다고 가정해 보자. 그런데 당신이 달려가 굴러가는 볼링공을 도랑 쪽으로 차면, 볼링공은 원래 가던 길에서 벗어나지만 도랑을 향해 직선으로 가진 않는다. 대신, 사선으로 방향을 바꿔 계속 굴러간다. 볼링공은 당신이 차기 전 이미 앞을 향해 이동하고 있었기 때문에 발로 차서 가해진 힘은 기존에 이동하던 힘에 더해져 공의 방향을 바꾸게 된다.

이제 야구공을 절벽에서 떨어뜨린다고 가정해 보자. 가해지는 힘이 중력뿐이니 직선으로 떨어지게 된다. 하지만 평지에서 수평으로 야구공을 던지면, 직선으로 날아감과 동시에 떨어지기 시작한다. 중력은 계속해서 당긴다는 사실을 명심하자. 던진 힘이 점차 사라지면서 야구공은 지속적으로 각도를 바꾸며 낙하한다. 이렇게 공이 날아가며 그리는 호를 포물선이라고 한다.

이번에는 야구공을 더 세게 던져 보자. 공은 더 멀리 이동하며 더 미세하고 단계적인 각도로 낙하한다. 중력은 언제나 같지만, 야구공이 앞으로 이동하는 속도가 더 빨라지면 굴절하는 각도가 결과적으로 줄어든다.

야구공을 전보다 더 세게 던져서 1.6킬로미터 더 나가게 하면, 전과 비교해 떨어지는 높이는 15센티미터가량 더 높아진다. 왜 그럴까? 지구는 둥글기 때문이다. 공이 1.6킬로미터 더 이동하면 지구의 곡면 탓에 낙하 높이도 그에 비례해 높아진다.

야구공을 더 세게, 메이저리그 선수와도 비교도 안 될 만큼 강하게 던지면 어떻게 될지 생각해 보자. 공을 직선으로 약 10킬로미터 정도 던지면 지구의 곡면 탓에 땅은 약 9미터 정도 하락한다. 공을 직선거리 100킬로미터까지 던지면 지구의 곡면과 800미터 이상 떨어지게 된다.

마지막으로 당신이 슈퍼히어로가 되어 야구공을 강하게 던지면, 공은 지구의 곡면에서 멀어져 영원히 땅에 닿지 않게 된다. 야구공이 지구 궤도를 선회하고 나서 당신의 뒤통수에 맞을지도 모른다.

하지만 이런 일은 현실적으로 불가능한데, 지표면을 이동하는 야구공은 공기저항을 많이 받기 때문이다. 그러므로 가능하게 하려면 야구공을 먼저 160킬로미터 상공으로 보내야 한다. 실제 지구를 돌고 있는 인공위성은 이런 원리를 이용해 배치된다. 지구의 위성 달도 같은 원리로 궤도에 머무른다. 모든 물체는 공기저항이 사라지면 같은 속도로 낙하한다. 이때 무게나 질량은 영향을 미치지 않는다. 지구에서 야구공이나 인공위성을 쏴서 그 물체가 떨어지는 각도가 지구의 곡면과 일치하게 하려면, 시속 약 2만 8000킬로미터의 속도를 내야 한다.

중력은 지표면에서 멀어질수록 약해진다. 달에 가해지는 지구의 중력은 지구관측 위성, 국제우주정거장, 허블 우주망원경에 가해지는 중력보다 약하다. 이 위성들은 지표면에서 약 320~800킬로미터 상공에 있지만 달은 약 38만 4400킬로미터 거리에 있다. 달은 저 지구 궤도에 있는 인공위성들보다 천천히 선회한다. 달은 지구 둘레를 시속 약 3700킬로미터로 돌고 있다. 지구를 한 바퀴 도는 데 꼬박 한 달이 걸린다. 이에 비해 인공위성들은 시속 2만 8163킬로미터로 이동하며 지구 궤도를 단 90분 만에 주파한다.

특별한 경우도 있다. 지구에서 3만 6000킬로미터 상공에 있는 인공위성은 지구가 자전하는 시간인 24시간 만에 공전을 마쳐 항상 같은 자리에 머문다. 이 궤도를 '지구정지궤도'라고 한다. 이 위성 덕분에 우리는 안테나를 옮기지 않아도 작은 접시 안테나 하나로 TV 채널을 마음껏 돌릴 수 있다.

## 095 우리 은하는 얼마나 클까?

아주 크다! '우리 은하'는 우주에 알려진 수십억 개의 은하 가운데 하나다. 중심부에 밝은 별들이 막대형 구조를 이루고 있는 막대나선은하로, 처녀자리 초은하단의 국부 은하군으로도 불린다. 우리 은하에는 2000억~4000억 개의 별이 있는 것으로 추정된다.

우리 은하의 원반은 넓은 면의 지름이 약 10만 광년이다. 1광년은 시간의 단위가 아니라 거리의 단위다. 빛이 1년 동안 이동하는 거리를 뜻한다. 빛은 1초에 약 30만 킬로미터를 이동한다. 1년 약 3150만 초에 30만 킬로미터를 곱하면 9조 4608억 킬로미터가 된다. 우리 은하의 직경은 여기에 10만을 곱해야 한다!

태양을 주성으로 하는 우리 태양계는 은하의 나선 팔 중 하나의 3분의 1 지점에 위치한다. 전체 은하의 직경을 축소해 128킬로미터로 만들면 우리 태양계의 지름은 0.3센티미터가 된다. 사막의 모래알 수준이다!

도시의 불빛에서 벗어나 한적한 시골에 나가 하늘을 올려다보면 남서쪽에서 북동쪽으로 흐르는 희미한 하얀 빛의 띠를 볼 수 있다. 은하 중심부의 옆면이다. 우리 은하는 궁수자리 방향으로 가장 밝게 보이는데, 궁수자리가 은하의 중심을 향하기 때문이다.

밤하늘에 육안으로 보이는 별 중 우리 은하에 속하지 않은 별은 단 하나다. 안드로메다 성좌의 안드로메다 은하로, 하얗고 부드러운 솜사탕처럼 생겼다. M31이라고도 부르는 이 은하는 페가수스 성좌에서 사

각형을 이루는 별들 오른쪽에 자리한다. 별자리표나 인터넷을 참고해 찾을 수 있다.

안드로메다 은하는 나선은하인데, 국부 은하군 내 50여 개 은하 중 하나다. 우리 은하와 약 300만 광년 떨어져 있다. 오늘밤 보이는 안드로메다 은하의 빛은 이 은하에서 300만 년 전에 떠난 빛이 보이는 것으로, 한편으로는 타임머신처럼 느껴지기도 한다.

은하의 중심에는 거대질량 블랙홀이 될 아주 고밀도의 물질이 자리 잡고 있다. 지금까지 관측한 거의 모든 은하가 이 물질을 하나 이상씩 가지고 있다.

어떤 광고에서 지구상의 모든 모래 알갱이보다 우주의 별이 더 많다고 하는 걸 본 적이 있다. 가장 믿을 만한 추측에 따르면, 우주에는 지구의 모래알을 모두 합친 것보다 100배 많은 별이 있다.

## 096 달은 조수에 어떻게 영향을 미칠까?

달의 인력은 지구의 밀물과 썰물에 영향을 준다. 달의 인력이 지구의 물을 당기면 행성 양쪽 대양이 불룩해진다. 달을 향해 있는 쪽의 물이 달의 인력에 당겨져 밀물이 된다. 한편 달의 인력은 지구 반대편의 만조도 만드는데, 달이 지구 또한 당기고 있기 때문이다. 당겨지는 지구와

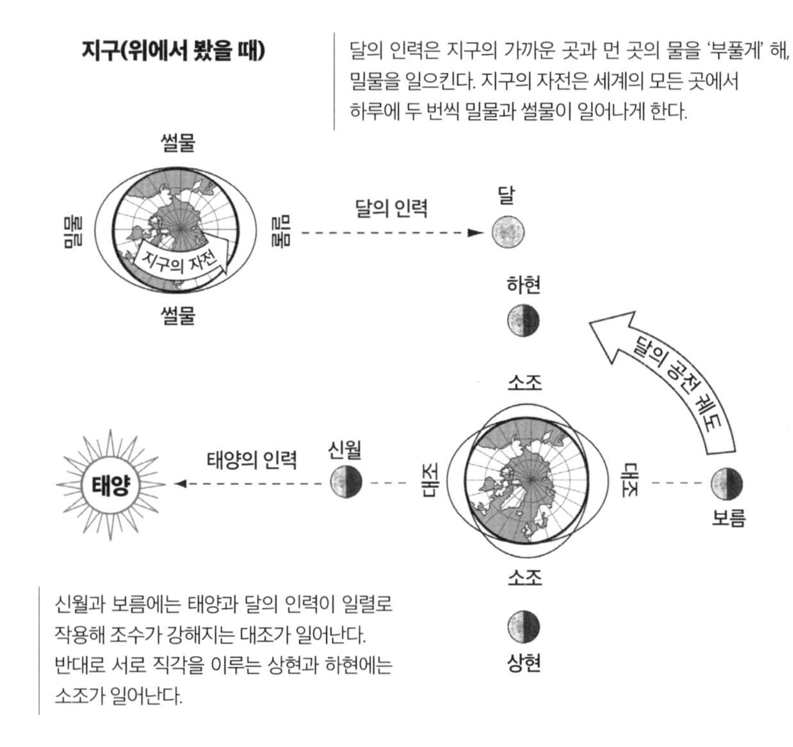


반대로 그대로 남아 있으려 하는 대양의 관성이 이 두 번째 조수를 일으킨다. 고체인 지구는 달 쪽으로 당겨지는데, 반대편 먼 곳에 있는 물은 그만큼 당겨지지 않고 제자리에 머무르려 하기 때문이다.

지구의 물이 양쪽으로 당겨지면 나머지 부분은 썰물이 된다. 지구는 24시간에 한 바퀴씩 자전하기 때문에 약 6시간 간격으로 밀물과 썰물이 반복된다. 24시간 동안 지구의 모든 지점이 두 번의 밀물과 두 번의 썰물을 경험하는 셈이다. 달도 지구를 돌고 있기 때문에 정확한 조수 간격은 6시간 13분이다. 만약 달이 궤도에서 멈추면 조수 간격은 6시간이 될 것이다. 하지만 지구가 한 번 자전하는 동안 달은 궤도에서 30

분의 1, 즉 12도 정도 앞서가 24시간 전과 궤도의 위치가 달라진다.

태양도 바다의 조수에 영향을 미친다. 태양은 달보다 인력이 훨씬 세지만, 지구에서 아주 멀기 때문에 조수에 미치는 영향은 상대적으로 약하다. 달의 인력이 조수에 미치는 영향은 약 56퍼센트고, 태양의 인력이 미치는 영향은 달의 절반 정도다.

이런 인력은 태양과 달, 지구가 일렬로 위치할 때 가장 큰 힘을 발휘한다. 이 힘은 한 달에 두 번, 보름과 신월에 큰 조수 현상을 일으키는데, 이것을 '대조(大潮)'라고 부른다.

달은 태양과 서로 90도를 이루는 상현과 하현에 인력이 가장 크게 상쇄하게 된다. 그 결과 평소보다 조수가 얕게 나타나는데, 이를 '소조(小潮)'라고 한다.

조수는 1년에 한 번 태양과 달이 지구에 가까워졌을 때 더 확연하게 나타난다. 매년 1월 4일 무렵 일어나는 현상이다.

1940년 12월 29일 나치는 런던에 화염 폭탄을 투하했는데, 템스강이 조수로 물이 낮아진 시기라 런던의 소방 호스가 제 역할을 다하지 못했다. (맞다, 호스다. 당시 런던은 양수장을 따로 만들어야 하는 소화전은 사용하지 않았다. 그냥 소방 호스를 가지고 진창을 지나 강에 던진 뒤 소방차 엔진을 펌프로 사용해 강물을 끌어다 썼다.)

노르망디 상륙작전, 일본군의 태평양 기지 공습 등 제2차 세계대전 중 있었던 유명한 해안가 전투들은 만조를 염두에 두고 계획되었다. 병사와 장비를 가능한 내륙 쪽으로 들여보내려는 의도였다. 그 외 가장 힘들고 과감했던 상륙작전은 한국전쟁 당시 더글러스 맥아더 장군이 북한군이 부산에 쳐 놓은 덫을 우회해 선수를 친 작전이었다. 1950년 9월 15일 UN군이 실행한 인천 상륙작전은 조수와 방조제, 갯벌, 우천으로 인해 큰 어려움을 겪었다.

조수는 독특한 지형이 있는 해안선과 만에서 두드러지게 나타난다. 캐나다 노바스코샤주와 뉴브런즈윅주 사이에 있는 펀디만은 밀물과 썰물의 조수간만 차이가 15미터에 달한다. 따라서 어업과 연안항법, 해안 건축은 조수에 대한 이해가 중요하다.

## 097 핼리 혜성은 언제 다시 올까?

핼리 혜성은 2061년 7월에 돌아온다. 영국의 천문학자 에드먼드 핼리는 역사상 가장 유명한 과학자 중 하나인 아이작 뉴턴과 친구였다. 1705년, 하늘에 있는 혜성의 위치를 관찰한 그는 뉴턴의 만유인력의 법칙을 이용해 수백 년간 관측됐던 여러 혜성의 궤도를 알아냈다. 그리고 그중 한 혜성이 1531년, 1607년, 1682년과 같이 거의 동일한 주기로 거의 동일한 궤도에서 목격된 사실을 발견했다. 그는 이 혜성이 1758년 다시 나타날 것이라고 예언했다. 당해 크리스마스 밤 혜성이 다시 나타났지만, 핼리는 자신의 예언이 실현되는 모습은 확인하지 못했다. 그는 16년 앞선 1742년 세상을 떠났기 때문이다. 사람들은 혜성에 그의 이름을 붙여 존경을 표했다. 가장 최근 핼리 혜성이 '다시 나타난' 것은 1986년이었다. 하지만 그 궤도와 지구의 위치로 인해 북아메리카에서는 관측하기 힘들었다.

기록을 살펴보면, 핼리 혜성은 기원전 240년부터 거의 75~76년 간격으로 목격됐다. 예수님이 태어나신 서기 원년을 기준으로 살펴보면, 가장 가까운 출몰 연도는 기원전 12년과 서기 66년이다. 그러니 예수님은 핼리 혜성을 보지 못하셨다는 말이다.

잉글랜드에서 1066년 초에 목격된 핼리 혜성은 나쁜 징조로 여겨졌다. 그해 10월 정복자 윌리엄(윌리엄 1세)이 잉글랜드를 침략해 헤이스팅스 전투에서 해럴드 2세를 물리쳤다. 유명한 벽걸이 자수 작품 '바이외 태피스트리'는 노르만의 군주 윌리엄이 색슨 왕조의 해럴드에 승리를 거둔 과정을 58개의 장면으로 묘사하고 있는데, 여기에도 핼리 혜성이 나타나 있다.

마크 트웨인은 이렇게 말했다. "난 1835년 핼리 혜성과 함께 왔다. 혜성이 다시 나타나는 해(1910년), 그와 함께 떠나기를 기대한다." 트웨인은 실제로 그렇게 됐다.

혜성은 '더러운 눈덩이'로 묘사되기도 한다. 중심이 얼음과 먼지, 얼어붙은 메탄으로 구성되어 있기 때문이다. 감자 모양인 핼리 혜성의 본체는 지름이 약 10킬로미터 정도다. 혜성이 태양에 가까워지면 중심부를 감싸고 있는 물과 이산화탄소 구름으로 된 대기가 일시적으로 길어진다. 이 대기를 코마(그리스어로 '머리카락')라고 부른다. 두 개의 긴 꼬리 중 하나는 먼지, 하나는 이온으로 형성된다. 먼지로 된 꼬리는 혜성의 거대한 눈덩이가 연소하며 형성되는 물질이다. 먼지 꼬리는 혜성이 태양 주위를 지나는 궤도를 곡선을 이루며 따라간다. 반면 이온 꼬리는 태양에서 방출되는 자력선의 힘에 영향을 받아 정확히 태양의 반대쪽으로 향한다.

대부분 혜성들의 궤도는 시가 담배 모양을 닮았는데, 지구와 태양 근처로 왔을 때만 맨눈으로 관측할 수 있다. 지금까지 발견된 혜성은 4000개 이상이다. 유성우는 혜성이 잔해를 남기며 지나간 자리를 지구가 통과할 때 생기는 현상이다. 페르세우스 유성우는 매년 8월 9~13일 지구가 스위프트터틀 혜성의 궤도를 통과하며 나타난다. 핼리 혜성의 잔해는 매년 10월 오리온자리 유성우의 원천을 제공한다.

## 098 행성은 어떻게 움직일까?

행성은 한번 움직이기 시작하면, 다른 추가적인 힘이 가해지지 않아도 계속 움직인다. 가장 좋은 예는 우리 태양계로, 우리가 알고 있는 여덟 개의 행성은 40억~50억 년 전 가스와 먼지가 소용돌이치던 원반에서 형성되었다(명왕성은 이제 공식적으로 행성이 아니다). 이 덩어리의 중심부 온도가 올라가며 핵융합이 시작되었고 태양이 만들어졌다. 그리고 이 거대 원반 바깥쪽에 있던 작은 먼지와 가스 덩어리들이 행성들을 형성했다. 과학자들은 다른 항성계들도 거의 같은 방식으로 형성됐다고 믿는다.

행성들이 한번 궤도를 돌기 시작하면, 아이작 뉴턴의 운동 제1법칙인 관성의 법칙을 따른다. 움직이는 물체는 계속 움직이려 하고, 멈춰 있는 물체는 멈춘 상태를 유지하려 하는 것이다.

행성들은 태양 주위를 원을 그리며 움직인다. 조금 더 정확히 따지자면 궤도는 찌그러진 원, 즉 타원형이다. 금성이 가장 완전한 원에 가까운 궤도로 공전하고, 수성이 가장 찌그러진 원의 궤도로 공전하고 있다.

일반적으로 생명체는 에너지와 수분이 필요하다고 알려져 있다. 우리 지구인들은 태양에서 에너지를, 물에서 수분을 얻는다. 생명이 번성하려면 태양 주위를 아주 적당한 거리에서 공전해야 한다. 행성이 태양에 너무 가까우면 물은 부글부글 끓어 사라져 버린다. 반대로 태양에서 너무 멀면 물이 얼어붙고 만다. 태양계에서는 금성과 화성 사이에 형성된 궤도가 살기 적당하다. 바로 지구가 정확히 그 중간을 돌고 있는 행성이다. 우리는 횡재했다!

수성은 사람이 살기엔 태양과 너무 가까이 있다. 물이 바로 증발해 버린다. 목성은 너무 멀기도 하고, 또 가스로 된 행성이라 표면에 고체가 없다. 화성도 살기에 좋은 여건은 아니다. 기온이 낮은 시간이 많다. 금성은 아주 짙은 이산화탄소 구름이 황산 비를 뿌리고, 피자 오븐 내부보다 뜨겁다. 사람이 갈 만한 장소가 아니다. 이 '창백한 푸른 점'은 인류에 크나큰 행운이다!

## 099 소행성이 미국에 떨어질 확률은 얼마나 될까?

짧게 답하자면, 가능성은 있지만 희박하다. 하지만 소행성, 운석, 혜성의 충돌은 쉽게 생각할 문제는 아니다. 예전에 일어났던 인도네시아 쓰나미 같은 자연재해는 수백, 수천 명의 목숨을 앗아갔다. 하지만 소행성, 운석, 혜성이 지구와 충돌하면 수백만 혹은 수십억이 사망할 수 있다. 수백 명이 목숨을 잃는 건 끔찍한 재난이지만, 수백만, 수십억이 사망하는 건 차원이 다른 재난이다.

2013년 2월 15일 러시아 우랄산맥 인근 도시 첼랴빈스크에 떨어진 운석은 운석 충돌의 힘을 다시금 상기시켜 줬다. 이때 폭발로 발생한 충격파로 1200명가량이 부상하고, 7200가구가 피해를 입었다. 이 운석은 지름 20미터 이상에 무게는 약 1만 톤이었다.

NASA는 2004년 12월 25일 경고의 메시지를 발표한 적이 있다. '2004 MN4'로 불리는 지름 411미터의 운석이 300분의 1의 확률로 2029년 4월 13일 지구에 충돌할 수 있다는 내용이었다. 천문학자들은 이런 '지구 근접 소행성'을 700개 정도 추적하고 있다. NASA는 이 소행성들의 궤도를 '주시'하면 불의의 사고가 일어날 확률을 0으로 줄일 수 있다고 강조했다.

1998년에 개봉한 두 편의 영화, 〈딥 임팩트〉와 〈아마겟돈〉은 모두 지구에 소행성이 충돌하는 내용을 다루고 있다. 두 영화 모두 대원들이 우주선에 탑승해 운석을 파괴하기 위해 출동한다. 하지만 이런 일이 실제로 벌어진다면, 우리 지구인들은 무인 장비를 보내야 할 것이다.

과학자들은 지구에 운석 충돌의 흔적이 남아 있는 장소를 170곳 이상 발견했다. 이중 가장 대표적인 세 곳은 다음과 같다.

6500만 년 전 멕시코 유카탄 반도에 폭 8~16킬로미터 크기의 운석이 떨어져, 이 충돌로 공룡을 포함한 수천 종의 동물과 식물이 멸종했다고 추정된다. 과학자인 루이스와 월터 알바레스가 지구 전체를 덮고 있는 토양에서 얇은 이리듐 층을 발견해 이 가설의 신뢰도를 높였다. 금속 이리듐은 지구에서는 매우 희귀하지만, 운석에는 풍부하다.

운석이 충돌한 두 번째 예는 베링거 크레이터로 5만 년 전 직경 46미터의 니켈-철 운석이 애리조나 사막을 강타해 생겨났다. 충돌 당시 충격은 TNT 250만 톤의 폭발력과 맞먹었을 것이다. 이 크레이터는 지름 1.2킬로미터에 깊이는 229미터다. 유럽인들은 처음 이 크레이터를 지나며 내부에 흩어져 있는 30톤의 운석 철을 발견했다.

세 번째 예는 1908년 6월 30일 러시아 시베리아 퉁구스카강 인근 대기에서 폭발한 운석이다. 이 폭발로 미국의 로드아일랜드주만 한 지역이 완전히 파괴됐다.

2005년 1월 12일에 NASA가 발사한 딥임팩트 우주비행선은 같은 해 7월 4일 혜성 템펠 1에 근접했다. 이 탐사선은 충돌기를 낙하시켜 TNT 4.5톤이 폭발하는 힘으로 혜성과 충돌하며 크레이터를 남겼다. NASA의 과학자들은 충돌 시 파편을 분석해 혜성의 구성 물질을 연구했다. 이들은 우리 태양계를 구성하는 '원시 수프'의 재료를 알아냈다.

과학자들은 지구에 근접하는 운석이나 소행성을 지구에서 먼 다른 궤도로 바꾸는 기술을 연구 중이며, 머지않은 미래에 핵폭탄으로 날려 버리거나 레이저로 방향을 바꾸는 일도 가능해질 것이다.

한마디로, 소행성이나 운석이 지구를 덮치는 일은 당신의 걱정거리 목록에서 가장 밑으로 내리면 된다!

## 100 별자리는 몇 개나 있고, 이름은 어떻게 지어질까?

별자리는 별들을 무리 지은 것으로, 각각의 별들을 구분하는 데 도움을 준다. 밤하늘을 올려다보면 약 1500개 정도의 별을 맨눈으로 볼 수 있는데, 별자리는 이 별들을 구분하기 쉽게 나누는 역할을 한다. 덕분에 모든 별을 정확히 찾을 수 있다.

수천 년 전 여러 대륙의 여러 문화권에서 별자리의 이름이 지어졌다. 사람들은 빛나는 밤하늘을 보면서 놀라운 신화와 수많은 이야기를 다양한 캐릭터를 중심으로 탄생시켰다. 현재 우리에게 익숙한 별자리들은 고대 바빌론과 그리스 로마 문명에서 비롯한 것이다. 별자리는 모두 88개가 있는데, 각각의 경계는 전문 천문학자들로 구성된 국제천문연맹(IAU)이 1929년 공식적으로 지정했다. 덕분에 밤하늘의 모든 별은 이제 별자리로 구분할 수 있다.

내 고향 위스콘신주에서는 1년 동안 55개의 별자리가 보인다. 만약 88개 모두 보고 싶으면, 적도 근처에 살아야 한다. 북극에서는 1년 동안 절반 정도의 별자리만 볼 수 있다.

미국 북부에서 1년 내내 보이는 다섯 개의 주요 별자리가 있다. 큰곰자리, 작은곰자리, 용자리, 케페우스자리(왕), 카시오페이아자리(여왕)다. 이를 극둘레 별자리라고 하는데, 폴라리스 즉 북극성을 도는 듯 보이기 때문이다.

이 다섯 별자리는 다른 별과 별자리의 위치를 파악하는 데 좋은 시작점이 된다. 예를 들어, 국자 모양의 북두칠성은 상대적으로 더 큰 별자리인 큰곰자리의 꼬리 부분을 이루고 있다. 그리고 북두칠성 국자 머리 끝부분 별 두 개는 북극성을 가리키고 있는데, 북극성은 작은곰자리의 일부를 이룬다(작은곰자리 역시 국자 모양인데, 북극성은 국자 손잡이 끝에 해당한다).

천문학자들은 이러한 기억 장치들을 이용해 밤하늘에서 길을 찾을 수 있다. 더 알고 싶다면, 도서관에서 별자리에 관한 책을 찾아 보라.

몇몇 별자리는 계절에 따라 모습을 드러내는데, 밤하늘에 그 별자리가 보이는 날이면 오래된 친구를 만난 기분이 든다. 예로, 오리온자리(사냥꾼)는 겨울 별자리다. 낙엽이 지고 날씨가 쌀쌀한 겨울의 초저녁, 밖에 나가 동쪽 하늘을 보자. 오리온자리가 밤하늘을 가로질러 황소자리를 쫓는 모습이 보인다.

별의 이름은 아랍어와 그리스어, 라틴어가 뒤섞여 있다. 로마의 통치권에서 살았던 이집트의 천문학자 클라디오스 프톨레마이오스는 별자리들을 모아 초기 별자리표 중 하나를 만들었다. 서기 100년경 프톨레마이오스는 그리스어와 라틴어로 별들의 이름을 수록했다. 당시 뛰어난 천문학자들이 아랍 쪽에 많아서 이 책이 아랍어로 번역되었고, 다시 라틴어로 번역된 뒤 현대에 와서 영어 및 다른 언어로 전해졌다. 우리가 요즘 쓰는 별자리 이름은 아랍어에서 파생돼 영어로 번역한 말이다. 새로 발견한 별들은 IAU에서 명명한다.

큰개자리에 포함된 시리우스(Sirius)는 그리스어로 '모든 걸 태울 듯이 뜨거운', '타는 듯한'이라는 뜻이다. 시리우스는 밤하늘에서 보이는 가장 밝은 별이라, 아주 적절한 이름으로 생각된다.

카스토르와 폴룩스는 쌍둥이자리에 있는 별들이다. 두 별은 쌍둥이 형제의 이름이다. 카스토르는 일반적으로 그리스 전사로 알려져 있다. 목동자리의 별 아르크투루스는 '곰의 파수꾼'이라는 뜻으로, 북극성 주위를 도는 큰곰자리를 뒤따른다. 우리의 별, 태양은 단순히 '태양(Sun)'으로 불린다. 하지만 가끔 라틴어 이름 '솔(Sol)'로 언급되기도 한다.

앞서 말했듯 약 1500개 정도의 별은 망원경이나 쌍안경을 쓰지 않고 맨눈으로 볼 수 있다. 이 모든 별은 오래전 고대에 이름이 지어졌다. 큰곰자리는 영국에서 쟁기자리로 불렸다. 큰곰자리의 중심을 이루는 일곱 개의 밝은 별은 북두칠성이다. 이 일곱 개의 별은 힌두 천문학에서는 '일곱 명의 대현자'로, 네덜란드에서는 '냄비'라고 부른다. 핀란드에서는 '연어 그물'이라고도 부른다. 북두칠성의 손잡이는 별 세 개로, 우묵한 그릇 부분은 별 네 개로 이루어져 있다. 손잡이 가운데의 별은 사실 두 개의 별이 서로 회전하고 있는 쌍성이다. 둘 중 더 밝은 별은 미자르, 상대적으로 흐린 별은 알코르다. 이렇게 함께 붙어 있는 두 개의 별을 구분하는지 못하는지에 따라 시력을 평가하기도 했다. 이 방법은 아랍 고서나 영국 문학, 노르웨이 산문에도 언급되어 있다. 북미 인디언들도 자식들의 시력을 검사할 때 이 쌍성을 이용했다.

북두칠성 손잡이에 있는 쌍성을 보자. 달이 없는 맑은 날, 습도가 낮을 때가 좋다. 두 눈으로 확인해 보자. 지금 내가 해 보고 있다!

## 101 산소가 없는 우주에서 태양은 어떻게 불타는 걸까?

그렇다. 태양은 불타는 거대한 공이지만, 성냥이나 벽난로, 모닥불의 불과는 차원이 다르다. 네 개의 수소 원자가 하나의 헬륨 원자에 융합되는 핵 원자로로, 태양의 외층은 절대온도 200만~400만K에 달한다. '광구'라고 부르는 태양의 표면은 5800K이다. 매초 6억 톤이 넘는 수소가 헬륨으로 전환된다. 사라지는 400만 톤의 질량은 아인슈타인의 유명한 방정식, $E=mc^2$에 따라 순수한 에너지, 열과 원자의 운동으로 전환된다.

지구의 모든 생명체와 에너지의 궁극적인 원천인 태양은 지름이 약

139만 킬로미터이며, 질량은 지구의 33만 3000배에 달한다. 우리가 만약 태양에 간다면 몸무게가 지구에서보다 28배나 늘어난다. 태양은 G 등급의 노란 별로, 별의 일생 중 중간 단계를 지나는 안정적인 상태다. 과학자들은 햇빛을 분석해 그 안에 있는 60가지 원소를 찾아냈다.

갈릴레오는 1610년 자신의 30배율 망원경으로 태양의 흑점을 관측하여 태양도 자전한다는 사실을 알아냈다. 태양은 당구공 같은 고체가 아니다. 기체로 이루어져 있기 때문에 모든 부분, 모든 지역이 동시에 회전하지 않는다. 적도는 한 번 자전하는 데 25일이 걸리지만, 극지방은 30일 이상 걸린다.

태양은 두 가지 힘이 균형을 이뤄 일정한 크기, 평형 상태를 유지하고 있다. 방사선, 즉 양성자의 흐름은 가스를 바깥쪽으로 밀어 태양을 크게 만들려고 한다. 이 힘에 반대로 작용하는 힘은 엄청난 중력으로 태양을 작게 만들려고 한다. 전체로 봤을 때, 태양의 중력이 밖으로 향하는 가스와 방사선의 압력과 균형을 이룬다.

태양에서 일어나는 원자핵 융합 반응은 수소 폭탄, H-폭탄의 형태로 재현할 수 있다. 최초의 원자핵 융합 반응, '태양' 폭탄은 1952년 점화됐다. 핵분열 원자 폭탄이 생성하는 온도가 태양 중심 온도의 4~5배에 달한다는 사실을 알았을 때, 곧이어 핵융합 수소 폭탄도 개발될 것으로 예견되었다. 과학자들은 현재 융합 에너지를 연구하고 있지만, 실용적이고 경제적인 융합 원자로까지는 최소 수십 년이 걸릴 것으로 예상된다.

## 102 목성에 있는 붉은 점의 정체는?

대적점이라고 불리는 크고 붉은 점은 목성의 남반구 대기에 오랫동안 대규모로 불고 있는 태풍이다. 지름이 1만 6350킬로미터로, 지구가 완전히 들어갈 만큼 거대하다. 초대형 허리케인과 비슷한 고기압 태풍으로 태양계에서 가장 큰 태풍이다. 지구의 허리케인은 저기압이지만, 대적점은 약 7일을 주기로 반시계 방향으로 회전하는 고기압이다. 대적점은 1664년 영국의 과학자이자 건축가인 로버트 훅이 자신의 망원경으로 발견했다. 이탈리아 출신 프랑스 천문학자인 조반니 카시니도 같은 시기에 대적점을 발견했다.

대적점의 색은 엄밀히 말해 분홍이나 주황인데, 대기에서 일어나는 화학반응의 결과이다. 태풍이 목성 내부의 물질들, 특히 인 성분을 끌어올려 발생하는 현상이라는 게 가장 신뢰할 만한 가설이다. 대적점은 350년 이상 거세게 몰아치고 있다.

목성은 거대한 가스로 이루어진 구체로 지구처럼 단단한 표면과 대기가 확실히 구분되어 있지 않다. 중심부로 갈수록 가스가 점점 두꺼워지다가, 특정 지점에서 액체로 바뀐다. 목성의 중심에는 단단한 핵이 형성돼 있을 가능성이 있지만, 과학자들도 확실히 알지 못한다.

목성은 태양계 다른 모든 행성을 합친 질량의 2.5배다. 그래서 로마 신화 최고신 주피터(Jupiter)의 이름이 주어진 듯하다. 목성의 질량은 지구의 318배이며, 주위를 둘러싼 고리가 있고, 알려진 위성의 수는 67개에 달한다. 목성의 4대 위성은 1610년 갈릴레오 갈릴레이가 발견하고 정확한 위치(좌표)를 파악했다. 이 위성들은 발견자의 이름을 따 '갈릴레이 위성'이라고도 부른다. 이 중 가장 큰 가니메데는 수성보다 크다. 목성의 4대 위성은 작은 망원경이나 성능 좋은 쌍안경으로도 관측할 수 있다. 하지만 목성의 고리는 지구에서 매우 흐릿하게 보인다.

목성의 하루는 10시간이다. 완전히 한 번 자전하는 데 걸리는 시간이다. 태양을 한 번 공전하는 데는 지구 시간으로 12년이 걸린다. 목성이 지금보다 더 커진다면 중력이 매우 강해져서 위성을 이루는 물질들을 핵으로 끌고 들어가 핵융합을 일으키고, 결국 태양 같은 별(항성)이 될 것이다.

## 103 어떻게 인공위성은 하늘에서 항상 같은 위치에 있을까?

모든 위성이 아니라 지구정지궤도 위성만 그렇다. 지구에서 보면 지구정지궤도에 있는 인공위성은 하늘의 한 지점에 떠 있는 것처럼 보인다. 이 높은 궤도에 있는 위성은 하루에 한 바퀴 지구를 도는데, 지구가 자전축을 도는 시간과 일치한다. 그래서 수신 접시를 하늘에 위성이 떠 있는 지점으로 향하게 하면 위성을 쫓아 움직이지 않아도 된다. 적도 하늘에는 현재 수백 개의 인공위성이 지구정지궤도에 있다.

지구 표면에서 어느 정도 높이가 되어야 인공위성이 지구정지궤도에 진입하는지 알고 싶으면, 케플러의 법칙을 따져 보면 된다. 지구에서 가까운 궤도를 도는 물체는 속도가 빨라 궤도를 도는 데 시간이 적게 걸린다. 우주왕복선(임무 시)과 국제우주정거장(ISS)은 402킬로미터 상공에 있어 약 90분이면 궤도를 돈다. 3만 6000킬로미터 높이에 있는 지구정지궤도 위성은 궤도를 도는 데 24시간, 즉 하루가 걸린다. 달은 지구에서 38만 4400킬로미터 거리에 있어 궤도를 도는 데 약 30일이 걸린다.

초기 가정용 위성 접시는 크기가 2~3미터나 됐다. 몇 년 전만 해도 시골에 가면 가끔 보였다. 하지만 2000년대 초반 과학자들이 아주 강력한 위성 송수신기를 개발했고, 덕분에 수신 접시가 50센티미터 정도로 훨씬 작아졌다. 이대로 계속 기술이 발전한다면 나중에는 손바닥만한 크기의 수신 기기가 개발될지도 모른다!

## 104 블랙홀은 대체 무엇일까?

블랙홀은 우리 세금을 모두 빨아들이는 워싱턴 DC에 있다! 물론 농담이다. 블랙홀은 우주에서 가장 이상한 존재다. 연료가 모두 바닥나 붕괴한, 거대한 죽은 별의 잔해라고 표현할 수 있다.

별은 두 가지 요소가 맞물려 일정한 크기를 유지한다. 수소 폭탄과 비슷한 원리의 융합반응은 별을 크게 하려는 경향이 있다. 동시에, 중력은 별의 모든 물질을 중심으로 끌어들여 쪼그라들게 하는 성격을 가진다. 이 두 가지 힘은 별의 일생에 걸쳐 균형을 이루는데, 대개 수십억 년간 지속된다. 별의 크기는 점점 작아지려는 중력과 점점 커지려는 폭발력이 균형을 이루는 지점에서 결정되며, 별의 생이 끝날 때만 변한다. 이 운명의 순간은 별의 질량에 의해 결정된다.

우리 태양 정도 크기의 별이 사라지면 어떻게 되는지 알아보자. 거의 모든 수소가 헬륨으로 전환돼 중력이 우세해지면 태양이 붕괴하는데, 헬륨 핵의 재가 타 탄소로 융합된다. 이때 태양은 화성의 궤도 크기로 팽창해, 적색 거성이 된다. 그리고 수백만 년 뒤, 헬륨이 모두 타면 적색 거성이 붕괴해 차가운 숯덩이인 흑색 왜성이 된다. 우리의 태양은 절대 초신성이 되지 않는다. 그러기에는 너무 작다.

초신성 폭발은 태양 질량의 열 배 정도 되는 거대한 별에만 해당하는 얘기다. 별의 모든 수소가 바닥나 융합반응이 멈추면 별의 중력이 우세해지며 모든 물질을 안으로 당겨 핵이 압축된다. 이 압축은 열을 일으키고 마침내 물질들이 타며 우주로 방사선을 내뿜는 초신성 폭발을 일으키는 것이다.

일단 핵융합이 끝나면 붕괴는 멈추지 않는다. 심지어 별을 이루고 있던 원자들까지 붕괴해 빈 공간이 완전히 사라진다. 엄청나게 압축된, 높은 질량의 밀도 높은 핵만 남게 된다. 이 핵은 중력이 너무 강해 빛조차 탈출하지 못한다. 핵의 입자들은 붕괴하고 으스러져 보이지 않는 존재가 된다. 별은 시야에서 사라지고 블랙홀이 된다.

그런데 블랙홀을 볼 수 없다면 그 존재를 어떻게 알 수 있을까? 중력효과로 가능하다. 비록 눈에 보이지는 않지만, 주변 물체들을 통해 발견하거나 추정할 수 있다. 천문학자들은 주변을 소용돌이치는 물체나 근처에 빨려 들어가는 별을 관찰한다. 블랙홀의 질량은 그 근처 눈에 보이는 별의 움직임을 관측해 계산할 수 있다.

은하 NGC 4261의 핵은 우리 태양계와 크기가 거의 같지만, 질량은 태양의 12억 배나 된다. 이렇게 작은 원반이 거대한 질량을 가진 건 그 안에 블랙홀이 있기 때문이다. 이 은하의 중심부에는 거대한 나선형 원반과 블랙홀이 있어, 먼지와 다른 물질들을 빨아들이고 있다.

블랙홀 안에서는 무슨 일이 일어날까? 블랙홀을 연구하는 천체 물리학자들의 이야기는 도통 알아들을 수가 없다. 사건의 지평선, 특이점, 중력 렌즈, 작용권 같은 것들 말이다! 하지만 놀랍게도, 알버트 아인슈타인은 1915년 상대성 이론에서 블랙홀의 존재를 예측했다.

## 105 밤하늘의 방문객, 별똥별은 무엇일까?

별똥별(유성)은 태양이라는 단 하나의 별(항성)을 가진 우리 태양계

에서 생겨난 물질이다. 유성은 지구의 대기를 통과하며 마찰로 인해 극한까지 뜨거워져 빛을 발한다.

유성은 대기에서 시속 4만~25만 킬로미터의 속도로 떨어진다. 이 엄청난 속도가 유성과 공기 사이에 엄청난 마찰을 일으킨다. 유성은 극도의 고온에서 타며 전구 안의 필라멘트처럼 환한 빛을 낸다. 이 빛이 밤하늘을 가르며 우리 눈에 들어온다.

이들은 우주를 여행할 때는 유성체라고 부른다. '유성'이라는 단어는 눈에 보이는, 대기를 통과하며 빛나는 물체를 묘사하는 말이다. 만약 이 엄청난 온도에서 살아남을 정도로 크기가 커 지표에 떨어지면, '운석'이라는 단어로 불러야 한다. 운석은 박물관에서 볼 수 있다.

지구에 대기가 있다는 건 신에게 감사할 일이다. 대기는 우리가 숨 쉴 산소를 제공할 뿐 아니라, 운석 충돌로부터 완충재 역할도 해 준다. 덕분에 극소수의 유성만이 기화하지 않고 지구 표면을 강타한다. 달은 상황이 다르다. 공기가 없고 대기가 존재하지 않는다. 그래서 달의 표면은 잦은 운석 충돌로 울퉁불퉁한 모습을 하고 있다. 하지만 지구에도 몇몇 눈에 띄는 크레이터들이 있다. 1908년 시베리아에 떨어진 퉁구스카 운석은 20킬로미터 떨어진 곳에 있는 나무들까지 쓰러뜨렸다.

대부분 유성은 지구가 혜성이 지나간 궤도를 통과하며 생겨난다. 혜성은 태양계가 형성될 때 남은 잔해물로 큰 타원형 궤도를 돌고 있다. 혜성은 태양 주변을 회전하고 있으며 지구를 지나는 시기를 예상할 수 있다. 가장 유명한 혜성은 75~76년마다 돌아오는 핼리 혜성이다.

혜성은 태양 주위를 지나면 얼음과 먼지로 된 잔해를 남긴다. 지구가 이 잔해를 지나면 혜성의 조각들이 대기 마찰로 인해 불이 붙어 타오른다. 엄청나게 뜨거워져 빛을 방출하면, 별똥별이라는 이름으로 불리게 된다. 대부분 먼지나 콩알 크기다. 이 조각들은 한 시간에 수만 킬로미터를 이동한다. 소리보다 빠른 속도로 움직여 소닉 붐[44]을 일으킨다.

유성 사냥꾼들은 지구에 떨어진 유성을 찾아 나서는 사람들이다. 2010년 4월 14일, 위스콘신 리빙스턴 인근의 낙농업자는 집 안에서 벼락을 맞는 줄 알았다. 거실 의자에 앉아 맥주를 마시고 있었는데, 운석이 그의 집 위에서 폭발해 그중 한 조각이 헛간을 치고 바로 의자 옆으로 떨어진 것이다. 그는 집 앞 차도에서도 운석을 발견했다. 일리노이주에서 온 운석 수집가는 그것을 200달러를 주고 사들였다. '술값'으로 괜찮은 금액이었다. 그 운석 조각은 미국 중서부에서 수백 명이 목격한 감마 버지니드 유성우의 일부였을 것이다.[45] 2010년 4월 14일에 그 유성은 시속 5만 8000킬로미터의 속도로 이동했을 것으로 추정된다.

미국에서 발견된 가장 큰 운석은 오리건주에서 나온 무게 15톤의 윌래밋 운석이다. 세계에서 가장 훌륭한 운석 컬렉션을 소장하고 있는 장소는 시카고 필드 박물관이다.

애리조나주의 베링거 크레이터는 5만 년 전 직경 46미터의 운석이 떨어져 생긴 장소다. 크레이터는 지름 1.2킬로미터에 깊이는 229미터나 된다. 1960년대 우주비행사들의 달 표면 탐사 훈련 장소로 이곳이

---

44 어떤 물체, 주로 제트기가 음속을 돌파했을 때 발생하는 굉음으로 음속 폭음이라고도 한다.
45 감마 버지니드 유성우는 처녀자리에서 일어나는 것으로, 매년 4월 5일에서 21일 사이에 일어난다.

이용되었다.

유성으로 떨어지는 바위와 먼지들은 지구가 혜성의 잔해를 지나며 대기에 진입한다. 다수의 유성이 떨어지는 유성우는 일 년 중 특정 기간에만 일어나는 현상이다. 유성우의 이름은 가장 그럴 듯해 보이는 별자리의 이름을 따서 짓는다. 미국에서 제일 유명한, 가장 많은 유성을 뿌리는 유성우는 페르세우스자리 유성우로 매년 8월 12일 무렵 페르세우스자리 방향에서 목격된다. 관측자는 한 시간에 수십 개의 별똥별을 볼 수 있다.

사람이 유성에 맞은 첫 사례는 앨라배마주의 앤 호지스로 알려져 있다. 1954년 3.6킬로그램 정도의 금속성 바위로 된 운석이 지붕을 뚫고 들어와 라디오에 맞은 뒤 그녀에게 튕겨 심각한 타박상을 입혔다. 소문에 따르면, 그녀는 당일 교회에 다녀왔다고 한다!

## 106 인간은 왜 자꾸 우주에 가려 할까?

영국의 산악인 조지 말로리는 영국 탐사대의 일원으로 에베레스트산에 올랐다. 그와 그의 동료 앤드루 어빈은 1924년 북동쪽 산마루에서 실종됐다. 누군가 말로리에게 물은 적이 있었다. "왜 에베레스트에 오르려고 합니까?" 그가 답했다. "산이 거기 있으니까요." 말로리의 시신은 1999년 5월 1일 발견되었다.

말로리의 대답은 우주에 가고, 지구 궤도를 돌고, 달을 탐사하며, 화성을 모험하는 데에도 충분한 이유가 된다. 우리는 언제나 하늘을 바라보고 거기에 무엇이 있는지 궁금해한다. 탐험에 관한 인간의 욕구는 절대 채워지지 않는다.

1960년대 인간들 사이에 일어난 경쟁은 인류가 우주에 첫발을 내딛게 했다. 하지만 하늘을 탐사하려는 원초적인 욕구에서 시작된 게 아니라 정치적인 이유가 더 컸다. 당시 미국은 냉전 시기에 사회주의 국가 소련과 경쟁하는 일에 몰두하고 있었다. 자본주의와 사회주의, 어느 정부 시스템이 더 좋을까? 어느 국가의 기술이 더 뛰어날까? 세계의 나머지 국가들이 모두 주목했다.

소련은 1957년 10월 4일 인간이 만든 첫 번째 인공위성 스푸트니크호를 궤도에 올리며 앞서 나갔다. 미국은 1958년 1월 익스플로러호를 발사하며 대응했다.

러시아는 많은 최초 기록을 달성했다. 우주에 간 최초의 인간(유리 가가린), 최초의 우주 유영, 최초의 우주정거장, 달을 선회하는 최초의 위성, 달 반대편 사진 최초 촬영도 러시아가 보유하고 있는 기록이다.

하지만 미국은 1969년 7월, 달에 세 명의 우주인을 보내며 소련을 앞질렀다. 그리고 얼마 되지 않아 우주 경쟁은 열기가 시들해졌다. 그 다음 '최초' 기록은 1975년 세 명의 미국 우주비행사와 두 명의 러시아 우주비행사가 지구 궤도에서 도킹한 일이다.

당시를 기억하는 사람은 이제 많이 없지만, 이 우주 경쟁을 통해 많은 기술이 개발되었다. 우주비행에 필요한 기술에서 파생된 수천 가지 기술은 국가 보안과 경제, 생산성 및 생활의 진보에 크게 기여했다. 이 중 가장 큰 영향을 미친 건 날씨예보 위성과 지구 자원 탐사 위성으로, 이 위성들은 작황과 홍수, 오염, 병충해, 수확량, 숲의 상태 등을 살피는 데 활용되었다.

우리의 일상생활을 살펴보면, 당시 개발한 기술에 영향을 받지 않고 발달한 분야는 찾기 힘들 정도다. 컴퓨터, 그래픽디자인, 콤팩트디스크, 고래 식별 기술, 지진 예측 시스템, 공기 정화 기술, 배기가스 모니터링, 방사능 유출 측정 장치, 안티스크래치 렌즈, 평면 모니터, 고밀도 배터리, GPS 시스템, 소음 방지 기술 등이 모두 NASA의 연구에서 비롯됐다.

그래서 인간은 우주를 왜 탐험하는가? 뉴질랜드의 산악인 에드먼드 힐러리는 1953년 셰르파 텐징 노르게이와 함께 에베레스트 정상에 최초로 오른 사람이다. 그는 이런 말을 남겼다. “우리가 정복한 건 산이 아니라 바로 우리 자신입니다.”

## 107 우주의 다른 곳에 또 다른 생명체가 존재할까?

“우주에 존재하는 생명체는 우리뿐일까?” 누군가 교외를 여행하다

가 밤하늘을 올려다보며 이런 질문을 던진다. 가진 자료나 증거가 없으니 답하기 어려운 질문이다. 현재 우주에서 생명체가 살고 있다고 완전히 확신할 수 있는 유일한 장소는 지구뿐이다.

먼저 생명체를 정의해 보자. 생명을 정의하는 일반적인 특징은 네 가지가 있다. 첫째, 환경에 반응하며 신체 손상을 스스로 치유할 수 있다. 둘째, 생식능력이 있으며 자손들에게 그들의 특성 일부를 물려준다. 셋째, 환경에서 얻은 물질을 에너지로 전환해 성장한다. 넷째, 유전자를 개량하는 능력이 있어 세대에 걸쳐 환경 변화에 적응한다.

대부분의 천문학자와 우주론자의 가설에 따르면, 우주는 생명체로 바글거리고 있다. 확률의 법칙에 따른 주장인데 그들의 주장은 이렇다. 지구는 작고 평범한 별을 선회하는 하나의 작은 행성이다. 우주는 수십억 개의 은하로 가득하며 그만큼 많은 항성계가 있고 그 주위를 도는 행성들도 셀 수 없이 많다. 이 수십억, 수백억 개의 행성 중 과연 지구에만 생명체가 있을까?

외계 생명체의 존재를 뒷받침하는 다른 근거도 있다. 지구의 생명체는 몇 가지 기본적인 분자를 바탕으로 만들어져 있다. 이 분자를 이루는 원소들은 모든 별에 흔히 있는 것이다. 과학의 법칙은 전 우주에 적용된다. 시간만 충분하다면 우주의 다른 곳에서 분명히 생명체가 발현했을 것이다.

물론 상반되는 견해도 있다. 지구에 존재하는 지적 생명체는 지질학, 천문학, 화학, 생물학적으로 극한에 달하는 확률을 뚫고 생겨난 결과물로, 우주의 다른 곳에 생명체가 있을 확률이 낮다는 의견이다.

세 번째 견해는 생명체는 절대자가 만들어 낸 결과물이라고 생각하는 창조론의 관점이다. 종교적인 관점으로, 신께서 아무것도 없는 무의 상태에서 자신의 모습을 본떠 인간을 창조했다는 견해다.

우리는 영영 답을 알 수 없는 것일까? 먼 미래에 우리가 어떤 발달한 문명에서 보낸 희미하지만 확실한 전파라도 듣게 된다면 인류가 혼자가 아니라는 사실을 알게 되는 역사적인 순간이 될 것이다. 반대로 아무것도 듣지 못해도 그 나름대로 의미는 있다. 전 우주에 우리처럼 특별한 존재는 없다는 뜻이니까!

# 과학기술에 대한 궁금증을 풀어 보자

## 108 인터넷은 어떻게 개발되었을까?

전화와 마찬가지로, 인터넷도 처음에는 그 자체가 개발 목적이 아니었다. 인터넷은 아르파넷(ARPANet)의 산물이다. 미국 국방부 미국고등연구계획국(ARPA)의 프로젝트였던 아르파넷은 군과 하청업체, 대학을 하나로 연결하려는 목적을 가지고 있었다.

인터넷 이전에 컴퓨터 네트워크는 모두 직렬로 연결해, 모든 네트워크가 활성화되어 있어야 사용 가능했다. 세 대의 컴퓨터가 네트워크로 연결돼 있는데 가운데 컴퓨터가 수리하느라 꺼져 있으면, 첫 번째와 세 번째 컴퓨터는 서로 통신이 불가능했다는 얘기다.

1969년 미국고등연구계획국은 중앙집권화되지 않은, 즉 하나의 컴퓨터로 운영하지 않는 최초의 네트워크를 개발했다. 이 새로운 시스템을 이용하는 다수의 컴퓨터는 일부 컴퓨터가 꺼져 있어도 서로 정보를 교환하고 소통할 수 있었다. 이 초기 네트워크는 네 개의 대학과 미국국립과학재단의 컴퓨터를 서로 연결했다.

그들이 개발하여 1983년부터 사용한 TCP/IP(전송 제어 프로토콜/인터넷 프로토콜) 방식은 지금까지 사용되고 있다. TCP/IP는 데이터의 구성, 주소, 전송, 노선, 도착지의 수신까지 특정화했다. '인터넷'이라는 단어도 이때 등장했다. 그리고 곧이어 인터넷이 상업적으로 활용되기 시작했다. 미국 외 처음 참여한 국가는 영국과 노르웨이이다.

인터넷의 규모는 어느 정도일까? 정말 방대하다! 미국 서던캘리포니아 대학교의 조사에 따르면 미국인은 평균적으로 일주일에 약 24시간 인터넷을 하며, 여론조사기관 퓨리서치센터에 의하면 미국 인구의 4분의 1가량이 거의 항상 인터넷에 접속해 있다고 한다. 또 전 세계 인터넷 사용자 수는 40억을 돌파했다. 인터넷 사용자가 많은 국가는 중국, 인도, 미국, 브라질, 일본 순이다. 물론, 인구가 많은 국가가 순위가 높은 측면도 있다. 인구 대비 비율로 보면, 노르웨이, 영국, 덴마크, 한국, 일본 등이 순위를 차지한다.

인터넷과 거의 같은 의미로 쓰이는 월드와이드웹(WWW)은 1989년 50명이 웹 페이지를 공유하며 시작했다. 요즘에는 거의 모든 사람이 손쉽게 웹사이트를 운영한다. 광고는 인터넷의 큰 사업 분야다. 그리고 많은 회사가 인터넷에서 주요 사업을 벌이고 있다.

## 109 비행기는 어떻게 공중에 뜰까?

총중량 360톤이 넘는 미국 공군의 화물수송기 C5-A가 하늘을 나는 모습은 보고도 믿기 힘들 정도다. 어떻게 그렇게 크고 무거운 물체가 지상에서 떠오를 수 있을까?

날개에 발생하는 양력은 베르누이 법칙으로 설명할 수 있는데, 이는 비행기가 받는 힘을 정확하고 효율적으로 설명해 준다.

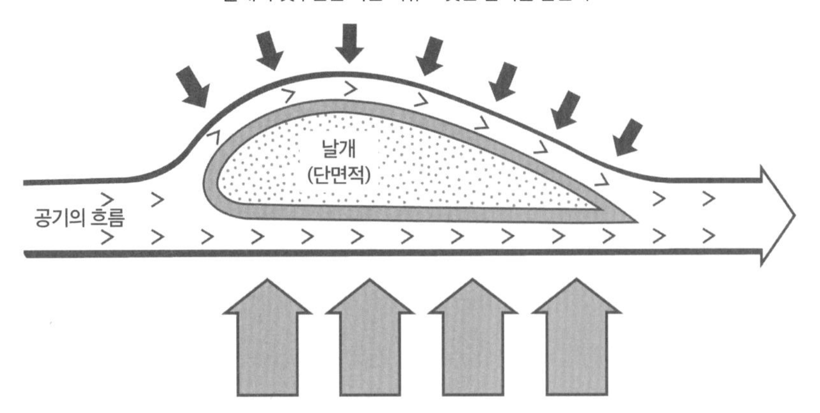


베르누이 법칙은 양력을 설명하는 데 일반적으로 많이 사용하는 이론이다. 날개의 윗면은 곡선으로 되어 공기가 빨리 이동하고 아래쪽은 평평해서 느리게 이동한다. 그래서 윗면은 압력이 낮아지고 아래쪽은 높아진다. 빠르게 움직이는 기류는 압력이 낮고, 느리게 움직이는 공기는 압력이 상대적으로 크다. 즉, 베르누이 법칙이란 유체가 빠르게 흐르면 압력이 감소하고 느리게 흐르면 증가한다는 원리다.

이렇게 날개 바닥에 작용하는 큰 압력을 '양력'이라고 한다. 기본적으로 이 압력의 차이는 날개를 위쪽으로 끌어올린다.

아이작 뉴턴의 '모든 운동에는 반대로 향하는 같은 크기의 힘이 작용한다'는 작용 반작용의 법칙은, 양력을 설명하는 상호보완적인 이론으로 활용된다. 공기 분자가 날개 아랫면을 때리고 튕겨 아래로 흐른다. 그리고 그 반작용으로 날개는 위로 향하고, 비행기는 양력을 얻는다. 비슷한 예로, BB탄을 철판을 향해 발사하면 반대로 튕긴다. 그리고 철판은 BB탄이 튕기는 방향과 정반대로 밀린다.

베르누이 법칙은 하늘을 유유히 나는 비행기가 양력을 얻는 과정을 잘 설명해 준다. 반대로 뉴턴의 작용 반작용의 법칙은 공기가 희박한 높은 고도에서 소리의 다섯 배에 달하는 속도로 비행하는 극초음속 비행기의 비행 원리를 설명하는 데 더 적합하다.

한국전쟁에서 사용된 미 해군의 더글러스 AD 스카이레이더는 본체의 무게만큼 많은 짐을 실을 수 있는 최초의 군용기다. 본체의 무게만큼 여객을 태울 수 있는 최초의 민간기는 1960년대 초 여객 운송용으로 취항한 더글러스 DC-7이다.

## 110 식물성 기름으로 자동차를 달리게 할 수 있을까?

간접분사식 디젤 엔진은 변환 키트를 장착하면 식물성 기름을 사용할 수 있다. 간접분사식 엔진은 전형적인 디젤 엔진과는 달리 연소 실린더에 연료를 직접 분사하지 않고 예연소실로 먼저 전달한다.

식물성 기름은 바이오디젤 연료로 분류하는데, 원유가 비싼 요즘 꽤 괜찮은 대체재로 보인다. 바이오디젤은 옥수수, 동물지방, 식용유, 콩

등으로 만들 수 있다.

바이오디젤의 원료는 생물에서 비롯된다. 무독성이며 재생 가능하다. 반면 휘발유는 석유에서 추출한다. 휘발유는 독성을 띠며 재생이 불가하다.

순수하게 바이오디젤만 사용할 수도 있지만, 대개 석유의 종류인 디젤 연료와 섞어 사용한다. B20이 가장 흔한 혼합유인데, 바이오디젤이 20퍼센트, 기존 디젤이 80퍼센트 비율로 들어간다. B100은 순수한 바이오디젤을 의미한다.

바이오디젤은 휘발유 혹은 순수 디젤(경유)과 비교해 몇 가지 장점이 있다. 친환경적이며, 해외 석유 의존도를 줄일 수 있고, 엔진에 윤활유를 더해 마모가 줄어든다. 배기가스도 덜 배출된다. 그리고 보다 안전하다. 휘발유보다 분해가 빨라 유출 시 더 쉽고 빠르게 제거할 수 있다. 기존 디젤보다 불이 붙는 인화점이 높아 화재나 폭발 사고의 위험도 적다.

물론 바이오디젤도 단점이 있다. 특정 배기가스를 줄일 수는 있지만, 연소 시 온실가스인 아산화질소를 더 많이 배출하는 것이다. 새로운 바이오디젤 연료는 엔진기관 내에 침전물을 쌓아 필터나 연료 펌프를 막히게 한다. 엔진의 힘을 떨어뜨리고 연비가 좋지 않다는 보고도 있다. 바이오디젤은 가격도 더 비싸다.

바이오에탄올 E85은 바이오디젤과는 구분되는 새로운 시장을 개척하고 있다. E85는 에탄올 85퍼센트에 일반 휘발유 15퍼센트가 섞인 혼합유다. 바이오에탄올은 바이오디젤과 같이 현재 가장 널리 상용화되어 있는 대체 연료다.

## 111 헬리콥터는 어떻게 조종할까?

헬리콥터는 놀라운 기계다. 비행기는 앞, 좌우, 위아래로 움직인다. 헬리콥터는 비행기가 가능한 모든 움직임에 몇 가지를 더할 수 있다. 공중에서 정지비행할 수 있고, 제자리에서 회전할 수 있고, 좌우 횡진과 후진을 할 수 있고, 수직 상승·하강할 수 있다.

헬리콥터는 비행기와 거의 같은 방법으로 양력을 얻는다. 날개 위로 흐르는 공기가 아래를 지나는 공기보다 빠르면, 날개 위의 압력보다 날개 아래 가해지는 압력이 커진다. 이때 날개 아래 형성되는 이 커다란 압력을 양력이라고 한다. 헬리콥터는 중앙에 천장 선풍기 같은 날개깃을 두 개 이상 가지고 있다. 사실, 소형 비행체에 달린 프로펠러는 회전하는 날개인 셈이다. 그리고 여기에도 베르누이 법칙이 적용된다. 하지만 헬리콥터의 프로펠러 날은 비행기 날개와는 달리 빨리 회전해야 하기 때문에 얇고 좁다. 헬리콥터 날개깃은 빠른 속도로 회전하여 기체를 띄울 충분한 양력을 생성하는 반면, 비행기의 날개는 기체 자체의 속도로 움직인다.

헬리콥터의 중심에 있는 회전 날개를 '메인 로터'라고 한다. 날개깃의 각도를 올리면, 받음각[46] 또한 올라가 양력이 상승한다. 메인 로터는

46 받음각은 날개깃 중앙의 선인 시위선과 공기의 방향이 이루는 각으로 영각이라고도 한다. 받음각이 너무 커지면 항력이 증가하게 된다.

자동차에 사용하는 엔진과 같은 가솔린 왕복 기관이나 제트 엔진을 사용해 회전시킨다.

지금까지는 이륙하는 데 충분한 양력을 만드는 방법을 알아봤다. 하지만 일단 이륙하고 나면 기체 전체는 뉴턴의 작용 반작용 법칙에 따라 메인 로터와 반대 방향으로 움직인다. 로터 날개깃이 이쪽(작용)으로 돌면, 몸체는 저쪽(반작용)으로 돌게 되는 것이다.

해결 방법은 몇 가지가 있다. 그중 첫 번째는 헬리콥터의 메인 로터를 앞뒤로 하나씩, 두 개 장착해 서로 반대 방향으로 조종하는 것이다. 군용 헬기인 보잉 CH-47 헬리콥터가 그 예다. 치누크란 별칭의 이 헬기는 이라크와 아프가니스탄 관련 뉴스에서 자주 보인다.

더 흔히 사용되는 방법은 작은 로터를 헬리콥터의 꼬리 부분에 달아 엔진에 연결하는 것이다. 테일 로터는 비행기의 프로펠러와 비슷한 추력을 만든다. 이 로터는 추력을 옆으로 보낼 수 있도록 수직으로 장착되어, 메인 로터와 반대로 회전하려는 기체의 움직임을 상쇄시킨다. 이렇게 옆으로 향하는 추력 덕분에 파일럿은 헬리콥터를 좌우로 움직일 수 있게 된다. 두 개의 '방향타 페달'로는 테일 로터 날개깃의 각도를 조종한다.

하지만 더 복잡한 문제가 남았다! 메인 로터는 상승과 하강 비행뿐만 아니라 횡진 비행도 제어해야 한다. 그래서 스워시 판[47]을 써서 파일럿이 이 움직임을 동시에 조종할 수 있도록 한다. 파일럿은 왼손으로 콜렉티브 조종간을 움직여 메인 로터 프로펠러의 날개깃 각을 일괄적

47 상승과 하강 추력을 발생시키고 추력 방향을 제어하는 헬리콥터 조종을 위한 구성품이다.

으로 조정해 상승, 하강 비행을 한다. 그리고 오른손으로 사이클릭 피치 조종간을 움직여 헬리콥터가 이동할 때 날개깃 각을 개별적으로 조종해 수평 방향, 즉 앞뒤와 양옆으로 움직인다.

최초로 실용적인 헬리콥터를 만드는 데 성공한 사람은 우크라이나 출신 미국인인 이고르 시코르스키다. 1940년 5월 그의 VS-300이 처음 비행하며, 현대 헬리콥터의 초석을 깔았다. 현재까지도 그의 도안을 기본으로 사용한다.

## 112 레이저는 어떻게 눈을 다치게 하지 않고 눈 수술을 할 수 있을까?

안과에서는 40년 넘게 망막 수술에 레이저를 이용하고 있다. 망막의 혈관 출혈을 막거나 절개된 망막을 붙이는 데 사용한다. 망막은 안구 뒤쪽에 있는 세포층으로 들어오는 빛을 전기자극으로 전환해 뇌로 보낸다. 안과 의사들은 레이저를 사용해 근시를 교정하기도 한다. 가장 대표적인 것이 라식(LASIK) 수술로 미국에서는 신문이나 TV에서 라식 수술 광고를 흔히 볼 수 있다. 라식은 '레이저를 활용한 각막절삭성형'의 줄임말이다.

근시인 사람은 안구가 길어, 각막과 수정체가 빛의 초점을 망막 앞에 형성한다. 근시는 가까운 거리의 물체는 선명하게 보이지만, 먼 곳의 물체는 흐리게 보인다. 원시는 정반대의 경우다. 근시는 상대적으로 젊은 사람에게 많이 나타나고, 원시는 나이 든 사람에게 흔하다. 하지만 젊었을 때 근시였던 사람이 나이가 들며 원시가 된다고 해서 먼 곳을 보는 시력이 나아지지는 않는다.

라식은 근시 치료에 매우 효과적이다. 라식은 눈의 외부를 덮고 있는 투명한 각막을 평평하게 다듬는다. 눈에 들어오는 빛은 각막에서 3분의 2 정도 굴절되고 수정체를 통과하며 약 3분의 1 정도 굴절된다. 각막을 평평하게 하면 빛의 초점이 뒤로 물러나며 건강한 눈처럼 망막에 일치하게 된다.

레이저 수술은 각막을 약간 제거해 곡률을 낮춘다. 라식은 먼저 각막의 외부에 있는 덮개를 걷어 내고 레이저로 각막 조직의 형태를 수정한 뒤 덮개를 다시 덮어 새로운 모양의 각막이 회복할 수 있도록 한다. 신문이나 잡지에 나오는 광고는 라식 수술의 과정을 자세히 보여준다. 결과도 좋고 회복도 빠르다. 가격은 한쪽 눈에 몇천 달러 정도다.

문제는 없을까? 발생 가능한 문제가 세 가지 있다. 먼저, 교정이 충분히 되지 않았을 때 생기는 문제다. 수술에서 각막 조직을 충분히 제거하지 않으면 계속 근시로 남게 된다. 두 번째는 지나친 교정이다. 조직을 너무 많이 제거하면 약한 원시가 된다. 세 번째는 주름이 생기는 것이다. 수술 과정에서 덮개 내부에 작은 흠이나 주름을 남기면 시야에 흐릿한 부분이 생긴다.

레이저 안과 수술은 IBM이 엑시머 레이저를 개발해 가능해졌다. 레이저로 눈을 다치지 않는 이유는 두 가지다. 첫째, 이 레이저는 자외선을 이용한다.[48] 엑시머 레이저 빔의 파장은 우리가 볼 수 있는 파장보다 아주 약간 짧다. 둘째, 빔을 사람 머리카락 두께보다 100배 얇은 배율로 초점을 맞출 수 있다. 빔은 100만 분의 1밀리미터보다 얕게 각막 표면을 뚫고 들어가 접촉 지점에 자외선을 흡수시켜 각막의 아주 얇은 조직을 한 번에 한 층씩 기화한다.

수술 경험이 많은 의사를 선택하는 것이 좋다. 성공은 기구의 정밀성만큼이나 집도의의 기술에 달려 있다. 이미 수술을 받은 환자와 상담해 보는 걸 추천한다. 병원의 평판도 확인해 보자. 우리의 눈은 값으로 따질 수 없다.

## 113 자동차를 설명할 때 쓰는 마력은 무엇일까?

마력은 엔진이나 어떤 힘의 원천이 일정 시간 동안 얼마만큼의 일을 하는지 측정하는 단위다. 1마력은 1분 동안 3만 3000풋파운드(1파운드 무게의 물체를 1피트 들어 올리는 일)의 힘을 발휘한다는 것을 뜻한다. 즉,

48 엑시머 레이저 기술이 이용하는 자외선 영역의 레이저는 물체나 생체조직을 태우지 않고 조직 내 분자 결합을 끊을 수 있다.

1마력은 초당 550파운드를 들어 올리는 힘이다.

마력이라는 용어를 처음 만든 사람은 제임스 와트다. 1700년대 후반, 증기 엔진이 말을 대체했는데 엔진의 힘을 나타낼 방법이 필요했다. 그래서 와트는 일반적인 말 한 마리가 할 수 있는 일의 양을 계산했고, 1분 동안 330파운드를 100피트 들 수 있다는 사실을 알아냈다. 초당 550파운드, 분당 3만 3000풋파운드도 같은 값이다.

요즘 엔진은 다이너모미터(동력계)라는 기기에 설치해 힘을 측정한다. 다이너모미터는 엔진에 무게를 부과해 산출한 토크(회전력)를 마력으로 전환하는 장치다. 현대식 자동차나 트럭의 엔진을 배기량(대개 리터)으로 평가하는 방법도 있다. 엔진 배기량이란 엔진 실린더 내부의 전체 부피를 말한다. 배기량은 실린더의 수, 베어링 내경, 스트로크 길이, 엔진의 분당 회전수(rpm) 등 변수가 많아 마력으로 변환하기 쉽지 않다.

내 2005년식 닷지 캐러밴 자동차는 3.3리터 6기통 엔진이 장착돼 있다. 180마력으로 배기량 1리터당 55마력을 발휘하는 셈이다. 많은 사람이 타는 포드 포커스는 2.0 듀라텍 엔진을 장착했으며, 136마력의 힘을 낸다. 리터당 62마력이다. 잔디 깎는 기계나 낙엽 송풍기, 전기톱 등에 장착된 작은 엔진도 마력으로 힘을 표시해 사람들에게 꽤 익숙한 단위다.

인간은 짧은 시간 동안 약 1마력의 힘을 낼 수 있다. 물론 엔진과 달리 우리의 근육은 쉽게 지쳐 시간은 제한된다. 나는 매년 물리 수업을 듣는 학생들에게 가파른 계단을 뛰어오르며 자신의 마력을 측정하는 실험을 하게 한다. 예를 들어, 몸무게가 150파운드(68킬로그램)인 학생이 4초에 15피트(4.5미터) 높이의 계단을 오르면, 초당 563풋파운드로

1마력을 살짝 넘는 수치다. 대부분의 학생들은 기계와 비교해 자신들이 만드는 힘이 월등히 적다는 사실에 놀라곤 한다. 뛰어난 운동선수는 약 30분 동안 3분의 1마력의 힘을 꾸준히 낼 수 있다.

## 114 왜 풍력으로 전기를 더 많이 만들지 않을까?

우리는 풍족하고 값싼, 무공해 에너지를 원한다. 하지만 안타깝게도 에너지 생산에 있어 공짜는 없다. 모든 에너지 자원은 장점과 단점을 가지고 있다. 그리고 유용성, 환경에 미치는 효과, 안전성, 비용, 위치, 전송 방법 등 고려할 사항도 많다.

바람의 활용은 매력적인 장점이 있다. 풍력은 깨끗하다. 오염 부산물이 적다. 초기보다 생산 비용도 줄어 풍력 발전 지역에서 생산하는 전력은 킬로와트시당 5센트 정도다.

하지만 앞서 말했다시피 공짜는 없다. 풍력의 잠재적인 장점이 더 컸다면 사용률도 높았겠지만 그렇지 않다. 왜 그럴까? 바람은 항상 부는 것이 아니므로 석탄, 핵, 천연가스처럼 안정적이지 않다. 우리는 많은 양의 전기를 저장할 방법이 없다는 사실을 기억해야 한다. 한번 생산된 전기는 바로 사용해야 한다.

나는 샌프란시스코와 팜비치 인근 넓은 면적에 설치된 풍력 발전용 풍차들을 목격한 적이 있다. 꽤 장관이었다! 하지만 근처 주민들과 이야기해 보니 시끄럽고 미관을 해치는 풍차들 옆에 살고 싶어 하지 않았다. 그리고 이런 풍력 발전기는 바람이 지속적으로 부는 곳에 매우 넓은 면적을 차지하고 있어야 한다(풍력 발전기는 바람이 최소 시속 11킬로미터 풍속으로 부는 장소가 필요하다). 그리고 발전기 설치에 많은 철과 알루미늄이 드는데, 채굴과 제련 과정에서 오염이 발생한다. 또한 발전기를 유지하려면 인력도 상당히 많이 필요하다.

풍력은 나름의 역할이 있어서, 앞으로도 다른 에너지와 함께 쓰일 것이다. 하지만 가까운 미래에 풍력 발전은 전력의 일부분만을 생산하게 될 것이다. 2018년 기준 미국 전역에서 상시 공급할 수 있는 풍력의 최대 출력은 9만 550메가와트다. 전기 에너지 중 풍력이 충당하는 비율은 6퍼센트이며, 2030년에는 20퍼센트가 될 것으로 보인다.

## 115 리모컨은 어떻게 작동할까?

세계 최초의 리모컨 장치는 독일 해군이 제1차 세계대전 당시 무선 조종 모터보트를 연합군 선박에 보낼 때 사용했다. 제2차 세계대전 때는 미국과 독일이 모두 리모컨을 이용해 폭탄을 폭파했다. 미국 시카고의 에라미터사는 1948년 자동으로 열리는 차고 문을 소개했다.

1950년 제니스사는 이름도 그럴 듯한 레이지본즈(Lazy Bones, 게으름뱅이)라는 TV 리모컨을 개발했다. TV에 긴 전선이 연결된 리모컨이었다. 이 장치는 먼 거리에서 본체의 모터를 활성화해 채널 튜너를 움직였다. 당시 튜너는 전자식이 아닌 기계식이었다. 1955년 제니스사의 유진 폴리는 플래시매틱이라는 최초의 무선 TV 리모컨을 발명했다. 이 리모컨은 마치 손전등같이 생겨서, 텔레비전 모서리마다 달린 광전지에 빛을 비추면 텔레비전 켜고 끄기, 소리 조절, 채널 선택을 할 수 있었다. 하지만 사람들은 어느 쪽 모서리를 사용해야 하는지 곧잘 까먹었고, 햇빛이 리모컨 작동에 문제를 일으켰다. 그 후 1956년 제니스사는 초음파를 사용하는 스페이스커맨더를 내놓았다. 하지만 철 제품이 짤랑거리는 소리에 영향을 받았고, 그때마다 개들이 짖어 댔다.

요즘 TV, VCR, DVD, CD 플레이어 등 가전기기에 사용되는 거의 모든 리모컨은 빛을 이용한다. 눈에 보이지 않는 적외선으로, 적색 가시광선보다는 파장이 길고 라디오파, 텔레비전 전파, 마이크로파보다는 짧다. 우리가 쓰는 적외선 리모컨은 송신기인데, 이진법 코드(0과 1로 이루어진 신호)로 명령을 보낸다. 리모컨의 앞부분을 보면 적외선이 나오는 포트를 확인할 수 있다. 반대로 TV에는 리모컨에서 보내는 적외선을 수신하는 장치가 있는데, 이진법 신호를 구분해 소리를 조정하거나 채널을 바꾸는 등의 명령을 수행한다. 적외선 리모컨의 송수신은 전자파가 직선상으로 도달 가능한 가시 거리에 제한되어 약 12미터 범위에서만 가능한데, 대부분의 일반적인 상황에서는 큰 불편 없이 사용할 수 있다.

차고 문을 여는 리모컨은 300~400메가헤르츠(MHz)의 전파를 사용한다. 북미에서 생산된 자동차 문과 현관문의 전자 열쇠는 315메가헤르츠이며 유럽과 아시아에서 생산한 자동차는 434메가헤르츠다. 리모컨 장난감은 대부분 같은 주파수를 쓴다. 전파는 벽이나 창문 같은 물체를 뚫고 지나갈 수 있는데, 전파가 바람막이 창을 지나 차고 문을 열 수 있다는 뜻이다. 신호 범위도 대개 최소 수십 미터 이상이다.

그렇다, 리모컨은 생활을 편리하게 해 준다. 하지만 누가 리모컨을 차지할지에 관한 문제라면 어떨까? 또 리모컨 덕분에 채널을 바꾸려 자리에서 일어날 일이 없어졌으니, 리모컨이 비만에 책임이 있는 것일까? 그리고 테러리스트들도 흔히 폭발물을 터뜨릴 때 리모컨을 사용한다.

## 116 마하는 어느 정도의 속도일까?

마하는 소리의 속도를 기준으로 유체 속에서의 물체의 속도를 표기하는 단위다. '마하'라는 용어는 오스트리아의 물리학자이자 철학자인 에른스트 마하의 이름에서 따왔다.

소리는 시속 760마일(시속 1224킬로미터)로 이동한다. 이 속도로 나는 비행기는 속도가 마하 1인 셈이다. 만약 시속 1520마일로 날면 마하

2가 된다. 마하 3은 시속 2280마일이다. 시속 760마일은 초당 1115피트를 이동하는 꼴로, 미터법으로 계산하면 이동 거리가 초당 340미터다. 소리는 1마일을 약 4.5초에 이동한다. 이것으로 번개가 우리에게서 얼마나 떨어진 거리에서 쳤는지 쉽게 계산할 수 있다. 불빛이 번쩍하고 얼마 뒤에 천둥이 치는지 초를 센 다음 5로 나누면 거리(마일)가 나온다.[49] 하지만 소리는 대기의 온도에 따라 속도가 달라지므로 이는 대략적인 값이다. 소리는 따뜻한 공기에서 약간 더 빨리 이동한다. 그러니 음속의 장벽을 넘고 싶다면 추운 날 시도하도록 하자. 추울 때는 좀 쉬워진다!

소리보다 느린 속도로 이동하는 물체의 속도를 아음속이라고 한다. 초음속은 소리보다 빠르게 이동하는 물체의 속도를 말한다. 영국-프랑스 초음속 여객기(SST) 콩코드는 이제 더 이상 운항하지 않지만, 마하 2까지 기록했다. F-14 톰캣(퇴역), F-15 이글, F-16 팰컨, F-18 호넷, F-22 랩터 같은 고성능 전투기들은 모두 약 마하 2의 속도를 낸다. F-117 나이트호크 스텔스 전투기는 마하 0.92로 소리보다 약간 느리다. 이전의 우주왕복선은 시속 2800킬로미터가 넘는 속도로 지구를 선회했는데, 이는 현재 국제우주정거장과 비슷한 속도이며, 계산해 보면 약 마하 23이 나온다.

우리는 주로 비행기의 속도를 얘기할 때 '마하'를 쓰지만, 마하는 대기를 이동하는 모든 물체의 속도를 나타낼 수 있다. 채찍을 세게 휘두를 때 나는 날카로운 소리는 채찍의 끝이 음속 장벽을 돌파하며 내는 소리다. 라커룸에서 손목으로 수건을 재빨리 휘두르며 장난치고 놀 때

---

**49** 미터로 계산하고 싶으면, 초를 센 다음 소리의 이동속도 340을 곱하면 된다.

도 수건의 끝이 음속을 돌파한다.

비행기의 속도가 마하 1을 넘으면 정면에 높은 압력이 발생한다. 충격파가 원뿔 모양으로 뒤로 퍼지게 된다. 이것이 바로 우리 귀에 들리는 음속 폭음을 일으키는 충격파다.

1947년 이전에는 어떤 비행기도 소위 '음속의 장벽'을 돌파할 수 없다는 생각이 일반적이었다. 제2차 세계대전 당시 파일럿들이 전투기로 하강하면 날개 위로 흐르는 공기의 속도가 음속을 넘었는데, 조종할 수 없는 상태가 돼서 비행기가 파괴되었다. 하지만 1947년 10월 14일 척 예거 대위는 벨 X-1을 조종해 최초로 음속의 벽을 돌파했다. 이 50구경 총알처럼 생긴 로켓 비행기는 척의 아내에게 헌정하는 의미로 '글래머러스 글레니스'로 명명되었다. 현재 이 비행기는 워싱턴 DC의 스미스소니언 항공우주박물관에 전시되어 있다.

## 117 블루투스는 어떻게 작동하는 걸까?

블루투스는 휴대전화, 무선전화, TV, PC, 오디오, DVD, 위성 라디오 등이 서로 통신할 수 있게 하는 기술이다. 장비들을 지저분한 선이나 코드로 연결하지 않고 모두 무선 신호로 작동시킨다.

블루투스의 주파수는 2.45기가헤르츠(GHz)로 좁은 지역에 네트워크를 형성한다. 미국 정부는 이 주파수 밴드를 산업, 과학, 의학 분야에서 사용하도록 배정했다. 아기 돌봄용 CCTV나 일부 차고 열림 장치, 무선전화도 같은 밴드를 사용한다.

블루투스 장치들은 아주 약한 무선 신호를 보낸다. 1밀리와트(mW) 정도의 신호를 송출하는 기기도 있다. 도달 범위는 대개 10미터 내외다. 블루투스 장치는 이렇게 극도로 약한 신호를 사용해 배터리 소모를 줄이고 다른 기기를 방해하지 않는다.

블루투스는 '주파수 도약 확산 스펙트럼'[50]이라는 기술을 사용한다. 이 기술은 임의로 선택된 79가지 주파수를 주기적으로 바꿔 통신한다. 송신기는 매초 1600번 주파수를 바꿔 다른 송신기가 동시에 같은 주파수에 접속되지 않게 한다.

블루투스 덕에 사용자는 집이나 차에 개인 네트워크(PAN)를 만들 수 있다. 이 '피코넷'(독립된 통신장치로 형성하는 무선 네트워크)은 휴대전화, 오디오, 컴퓨터, DVD 플레이어, 위성 TV, 라디오를 하나로 엮어 준다.

연결이 쉽다는 건 블루투스의 큰 장점 중 하나다. 엄청난 양의 설명서를 읽을 필요가 없다. 기기의 블루투스 신호를 켜면, 자동으로 다른 기기에 주파수 신호를 보내고 수신한 기기는 그 신호에 응답한다. 한 번 연결되면 10미터 안에서는 그 상태가 유지된다.

핸즈프리 휴대전화도 블루투스로 사용한다. 운전 중 전화나 문자 사

---

50 무선 통신에서 반송파를 고정하지 않고 시각에 따라 변화시켜 송신하여 통신하는 방식을 말한다.

용을 금지하는 많은 주에서 핸즈프리가 매우 유용할 것이다. 조깅이나 낚시할 때, 베란다에서 휴식을 취할 때도 블루투스로 음악을 들을 수 있다. 거리에서도 블루투스 헤드셋을 착용한 모습을 흔히 볼 수 있다.

블루투스는 스웨덴의 거대 통신회사 에릭슨이 개발했다. 덴마크의 왕 헤럴드 블루투스 곰슨은 서기 958~985년 혹은 986년까지 살았던 인물로, 아들이 일으킨 반란으로 죽었다고 한다. 그는 덴마크와 현재 스웨덴의 일부, 그리고 노르웨이를 하나의 왕국으로 통일했으며, 자신의 왕국에 기독교를 도입했다. 그리고 그는 덴마크 옐링에 선대를 기리는 명문이 새겨진 거대한 돌기념비 룬스톤을 세웠다. 에릭슨은 이 무선 기술을 개발한 북유럽 국가의 자존심을 드러내기 위해 '블루투스'라는 이름을 택했다. 실제 블루투스 기술은 헤럴드 왕이 왕국을 통일한 것처럼 다양한 통신 프로토콜을 통일했다.

## 118 최초의 총은 어떻게 작동했을까?

최초의 총은 기본적인 핸드 캐넌이었다. 이 화기는 단단한 철로 된 관으로, 한쪽은 열려 있고 반대쪽에는 작은 구멍이 나 있었다. 사용자는 화약을 관에 넣고 쇠공 총알을 밀어 넣은 뒤, 작은 구멍에 도화선을 끼워 넣었다. 도화선에 불을 붙이면 안에 있던 화약이 가스로 변해 반대쪽에 있는 쇠공을 엄청난 속도로 날려 보냈다. 몽골인들은 1200년대 핸드 캐넌을 사용했다. 이 초기 형태의 총은 총열이 길고 정확도가 매우 낮았으며 엄청나게 무거웠다. 요즘 핸드 캐넌은 권총이라고 불린다.

미국에 처음 정착한 청교도 개척자들과 밀접한 나팔총은 총열이 짧고, 총구가 나팔 모양이었다. 넓은 총열은 장전 속도를 높였고, 총알이 퍼져 나가게 했다. 총의 점화 기구는 발화장치(lock)라고 한다. 나팔총의 도화선은 천천히 타는 까닭에, 미리 불을 붙여 놓고 있다가 발사할 때 약실의 화약을 점화할 수 있도록 고정했다. 이 총은 단점이 몇 개 있었는데, 이를테면 비가 내리면 도화선의 불이 쉽게 꺼진다는 것과 밤에는 도화선이 타는 모습이 보여서 사격하는 사람의 위치가 노출된다는 것 등이었다.

화승총은 사수가 양손으로 잡고 바로 쏠 수 있었던 최초의 총기다. 이전의 총들은 한 손으로 총을 잡고 다른 한 손으로 화약을 준비하거나 성냥으로 불을 붙여야 했지만, 비로소 이런 과정이 필요 없어진 것이다. 총기를 발사하는 동안 사수가 목표물을 주시할 수 있게 만든 점도 매우 주요했다.

이렇게 중대한 변화를 일궈 낸 부싯돌식 발화장치는 300년 이상 사용됐다. 암석의 일종인 부싯돌은 쇠와 부딪히면 뜨거운 불꽃을 일으킨다. 화승총은 부싯돌을 발화장치에 설치해 화약에 불을 붙였다. 이 총은 미국의 독립전쟁 기간에 군인들의 주된 무기로 사용됐다.

뇌관은 미국의 남북전쟁 당시 완성됐다. 연필 꼭대기의 지우개 크기만 한 뇌관은 금속으로 만들어진 짧고 속이 빈 관으로, 안에 폭발성이 강한 화학물질 풀민산제이수은을 채웠다. 뇌관은 한쪽만 닫히도록 되어 있고, 열린 끝은 화약 파우더 쪽으로 뻗은 관과 연결된 돌기에 씌우도록 되어 있었다. 방아쇠를 당기면 공이가 뇌관을 때려 안에 있는 화약을 터뜨렸다.

탄환과 화약 뇌관이 일체형으로 만들어진 실탄도 남북전쟁 당시 발명되었다. 이것은 금속관에 탄환을 넣고 바로 뒤에 화약을 채워 완성했다. 공이가 실탄의 가장자리나 중앙을 세게 때리면 내부의 화약이 점화됐다.

몇 해 전 미국은 루이스클라크 탐험[51] 200주년을 맞았다. 당시 탐험대는 33명이었고 28개월 동안 태평양 연안 지역을 탐험하고 돌아왔다. 그리고 여행 동안 교역품과 위스키, 음식은 모두 동이 났지만, 무기와 총알 그리고 화약은 절대 바닥나지 않았다고 한다.

## 119 자석은 왜 서로 밀고 당길까?

1883년 혹은 1884년, 헤르만 아인슈타인은 4~5살 난 아들 알버트에게 나침반을 사 줬다. 어린 알버트 아인슈타인은 나침반의 바늘이

---

51 프랑스로부터의 루이지애나 매입을 계기로 미국의 제3대 대통령 토머스 제퍼슨의 명령에 따라 1804 ~1806년까지 실시된 탐험이다. 당시 루이지애나 지역은 오늘날의 열다섯 개 주에 걸쳐 있었을 만큼 넓었다.

일부러 만지지 않아도 항상 같은 방향을 가리킨다는 걸 깨달았다. 그가 나중에 말하길, 그 순간 '나침반 깊은 곳에 무언가 숨겨져 있다'는 걸 느꼈다고 한다.

아인슈타인의 나침반도, 일반적인 나침반과 마찬가지로 그냥 중심축 위에 막대자석을 올려 회전하도록 만든 기구였다. 자석은 참으로 매혹적인 기구다. 우리는 자석이 어떻게 움직이는지는 잘 알지만, 자성에 대해서는 잘 모른다. 특히 원자 단위로 들어가면 알버트 아인슈타인이 나침반을 가지고 놀던 그때부터 지금까지 많은 의문점이 풀리지 않은 채 그대로 남아 있다.

자석은 자기장을 가진 물체로 철이나 니켈이나 코발트, 그리고 그 화합물로 이루어진 물체를 끌어당긴다. 이 물질들은 강자성(외부 자기장 없이도 자석이 될 수 있는 물체)을 띤다. 그리스의 철학자 탈레스가 그리스 마그네시아 지역에서 자연 상태의 자석을 발견하고 기록하여 이름이 자석(마그넷)이 되었다.

자석을 나타내는 옛말로는 '로드스톤(lodestone)'이 있는데, 중세 영어로 '길을 알려 주는 돌'이란 뜻이다. 자석이 배가 바다에서 항로를 찾는 데 사용되었던 사실에서 비롯된 이름이다. 나무 조각 위에 올린 자석을 물이 든 양동이에 띄운 것이 원초적인 나침반이었다.

가장 일반적인 자석은 막대자석으로 한쪽에 N(북), 반대쪽에 S(남)라고 쓰여 있다. 말굽자석도 흔한데, 단지 막대자석을 말굽 모양으로 구부린 것에 지나지 않는다. 같은 크기일 경우 말굽자석이 막대자석보다 강한데, 양극으로 쇠로 된 물체를 당길 수 있기 때문이다.

'같은' 극끼리, 다시 말해 N극과 N극, S극과 S극끼리는 서로 밀어낸다. '다른' 극인 N극과 S극은 서로 당긴다. 자석은 극 부분이 가장 자력이 강하다. 당기는 힘은 역제곱 법칙을 따른다. 거리가 두 배가 되면, 당기는 힘은 4분의 1이 된다.

자석을 자유롭게 회전할 수 있게 두면, N극이 북극권 근처 허드슨만에 있는 지자기 북극[52]을 향한다. 지자기 북극은 지구의 북극에서 벗어나 있으며 매년 약간씩 이동한다. 이는 지자기 남극 또한 마찬가지다.

그런데 왜 철, 니켈, 코발트만 자석에 끌릴까? 이 원자들은 바깥쪽에 쌍을 이루고 있지 않은 홀전자를 가지고 있다. 이 전자들은 핵을 선회할 뿐 아니라 지구처럼 자신의 축을 기준으로 자전하고 있다. 이 회전은 전자에 미세한 자기장을 만든다. 모든 전자가 자전하며 같은 방향으로 향하면 잡아당기는 힘이 생긴다. 이렇게 전자가 같은 방향으로 회전하는 원자의 그룹을 자구(domain)라고 부른다. 전류로 생성된 강력한 자기장의 존재는 더 큰 움직임을 일으켜, 더 많은 자구가 같은 방향으로 정렬한다. 강한 자기장이 사라지면, 원래 자성이 약한 물체의 자기 자구는 무작위 방위로 돌아간다. 강한 자성체의 자구들은 정렬된 구조로 남아 영구자석[53]이 된다.

확성기는 보통 알루미늄, 니켈, 코발트가 혼합된 알니코 자석을 사용한다. 냉장고 자석은 대개 세라믹이다. 가장 강력한 영구자석 중 하

52 자기적으로는 S극이다. S극 성질을 띠고 있기 때문에 자석의 N극이 향하게 되는 것이다.
53 전류가 흐르지 않아도 자력을 띠며, 강한 자화 상태를 오래 보존하는 자석을 말한다.

나인 네오디뮴 자석은 마이크나 전문가용 확성기, 이어폰, 컴퓨터 하드 디스크처럼 가볍고 부피가 작으면서 강력한 자기장이 필요한 경우에 사용된다.

덴마크의 물리학자 한스 크리스티안 외르스테드는 전기와 자기 사이의 관계를 알아냈다. 외르스테드는 1920년 4월 21일 교실에서 학생들을 앞에 두고 실험으로 증명했다. 그는 전류가 흐르는 와이어를 나침반에 가져가 바늘이 움직이게 했다. 나침반의 바늘은 배터리가 켜지고 꺼질 때마다 방향을 바꿨다. 외르스테드는 몇 년 동안 전기와 자성의 관계를 연구해 전자기학의 탄생에 기여했다. 우리가 쓰는 모든 모터와 발전기는 자성과 전기의 상관관계를 기초로 작동한다.

## 120 레고는 어떻게 맞물리는 걸까?

장난감 세계에서 레고는 독보적인 위치를 차지하고 있다. 서로 맞물리는 화려한 색감의 플라스틱 블록은 인기 면에서 레고사를 수많은 동종 회사를 압도하는 기업으로 만들었다.

덴마크 빌룬트의 목수였던 올레 키르크 크리스티안센은 1934년 나무로 작은 장난감을 만들기 시작했다. 올레는 품질에 까다로운 사람이었으며, 자신의 회사에 레고라는 이름을 붙였다. '레고(lego)'는 덴마크

말로 '잘 놀다(leg godt)'라는 뜻에서 비롯되었는데 라틴어로 '조립하다'라는 의미도 있다.

1949년 출시된 초기 버전의 레고는 속이 빈 직사각형의 플라스틱 위에 작고 둥근 단추 모양의 스터드가 몇 개 솟아 있었다. 이 정교한 블록은 서로 잘 맞물렸으나, 꽉 붙지는 않아 세 살배기 아이도 쉽게 분리할 수 있었다.

많은 플라스틱 제품과 마찬가지로 레고도 사출 성형으로 만든다. ABS 수지를 약 790도로 가열해 녹인 뒤 아주 높은 압력으로 금형에 밀어 넣고 15초 정도 식혀 플라스틱 블록으로 만든다. 금형이란 원하는 형태로 만들 수 있게 모양이 잡힌 강철 혹은 알루미늄 틀을 말한다. 식은 플라스틱 블록을 금형에서 빼내면 모든 제작 과정이 끝난다.

레고 블록은 윗면에는 단추 모양의 스터드가 있고, 아랫면이 뚫린 내부에는 튜브 모양의 기둥이 있다. 블록의 스터드는 육면체의 네 벽과 기둥 사이에 난 틈보다 약간 크다. 블록 두 개를 나란히 맞춰 끼우면 스터드가 벽을 바깥쪽으로, 기둥을 안쪽으로 밀며 맞물린다. 블록은 탄력적인 재질로, 원래 모양을 유지하려는 성질이 있어 벽과 기둥이 부러지지 않고, 스터드에 똑같이 힘을 가한다. 두 개의 블록이 미끄러져 분리되지 않는 건 마찰력 덕분이다.

레고의 인기는 융통성에서 비롯된다. 레고는 창의성을 발휘할 수 있는 구조로, 아이들은 레고로 어떤 기계나 장비, 장치 들의 모형을 만들었다가 다시 분리해 새로운 것을 만들 수 있다.

1960년대 후반, 레고는 듀플로 제품을 출시했다. 듀플로 블록들은 길이와 폭, 높이가 기존 레고보다 두 배 크다. 미취학 아동용 레고인 셈인데, 커다란 크기 덕에 유아들이 삼킬 위험이 없고, 작은 손으로도 다루기 쉽다. 레고는 대회, 게임, 영화 등 부수적인 사업도 몇 가지 시작했고, 놀이동산 여섯 곳도 운영하고 있다. 그리고 여자아이들을 위한 새로운 제품 클리키츠(Clikits)와 벨빌(Belville)도 내놓았다. 기어와 모터, 전구, 센서, 스위치, 배터리와 카메라 등이 포함된 '파워 펑션(Power Functions)' 라인도 있다. 영리한 덴마크인들은 새로운 제품도 기존 블록들과 호환이 가능하도록 만들었다.

레고사는 지난 50년 동안 4000억 개 이상의 블록을 만들었다고 한다. 이것은 전 세계 모든 사람이 57개씩 가질 수 있는 양이다.

## 121 로켓은 어떻게 작동할까?

로켓은 크기에 따라 단순할 수도, 복잡할 수도 있다. 작은 로켓은 아주 간단하다. 문구점에 가서 부품을 산 다음 로켓을 만들고 파란 하늘로 발사하면 된다. 거대한 로켓은 너무 복잡해서 수십억 달러의 자원을 소모해야 사람 혹은 물체를 우주로 보낼 수 있다. 이 기술을 보유한 나라는 한 손에 꼽을 정도다.

로켓은 '모든 운동(작용)은 같은 크기의 반작용을 가진다'는 뉴턴의 제3법칙을 이용한다. 공기가 가득 찬 풍선을 공중에 놓으면 이 기본적인 법칙을 눈으로 확인할 수 있다. 풍선에서 빠져나온 공기(운동)가 풍선을 반대 방향으로 나가게 한다. 로켓도 같은 원리로 작동한다. 액체 혹은 고체 연료가 연소하며 생성된 가스가 뒤로 뿜어져 나와 힘이 작용한다. 이때 로켓은 그 반작용으로 가스가 나오는 방향과 반대로 날아간다. 추력은 연료의 양이나 연소 시간을 포함한 몇 가지 요소에 영향을 받는다.

운동량의 법칙도 로켓에 작용한다. 운동량은 질량에 속도를 곱하면 된다. 가스의 질량에 분출 시 속도를 곱하면 로켓의 질량에 속도를 곱한 값과 같다. 즉 분출되는 가스의 운동량은 로켓이 하늘로 오르는 운동량과 같은 셈이다. 가스는 질량이 아주 작지만 속도가 엄청나게 빠르고, 반대로 로켓은 질량이 엄청나지만 가스에 비하면 속도가 매우 느려, 계산하면 같은 값이 나온다.

모형 로켓은 단순하고 안전하다. 고체로 된 추진 연료가 폭발하지 않고 빨리 타게 구성되어 있다. 모형 로켓의 엔진은 몇 년 동안 상태가 그대로 유지되며 연료도 관리할 필요가 없다. 하지만 1960년대와 1970년대 초 미국인을 달에 보내는 데 사용한 역대 가장 강력한 로켓인 새턴 5호는 이와 정반대다. 현재 가장 강력한 로켓은 NASA의 델타 4호로, 무게 14톤의 물체를 지구 궤도에 올릴 수 있다. 델타 4호는 2012년 6월 스파이 위성을 우주에 보내기 위해 액체 수소와 액체 산소를 연소해 발사되었다.

최초의 로켓은 1100년대 중국인들이 만들었다.[54] 화약 개발의 연장선에서 이루어진 결과로, 이 원시적인 로켓은 우리가 흔히 생각하는 화포의 형태였다. 중국은 1232년 몽골을 침략할 때도 이런 형태의 로켓을 사용했다.

1800년대 윌리엄 콩그리브는 영국 왕실 병기창과 공동으로 로켓 엔진을 만들었다. 끝이 원뿔 모양으로 된 단단한 철제 튜브와 성능 좋은 추진체 혼합물을 이용한 것이었다. 미국이 영국에 독립전쟁을 벌이던 1814년 9월 영국 함대는 콩그리브 로켓(대포)을 볼티모어 인근 맥헨리 요새에 퍼부었다. 프랜시스 스콧 키는 이 장면을 자신의 시 〈맥헨리 요새의 방어〉에서 '로켓의 눈부신 붉은빛'이라는 표현으로 남겼다. 이 어구는 나중에 미국 국가 〈스타 스팽글드 배너〉에 가사로 인용된다.

이온 추진체는 새롭고 놀라운 물질이다. 이온 엔진 내부에서 제논 원자에 전하가 충전되면 제논 가스는 전자를 잃게 된다. 자기장은 이온을 태워 추진체 뒤로 분사한다. 이온 엔진은 무겁고 부피가 큰 연료를 사용하지 않으며, 추진력이 매우 약하다. 대신 아주 오랜 시간 '연소'한다. 이런 특징 덕에 이온 엔진은 먼 우주 공간을 여행할 때 사용할 수 있고, 또 지구 저궤도나 위성 방송을 볼 때 사용하는 지구정지궤도에 무언가를 보낼 때도 쓸 수 있다. NASA는 이온 추진 시스템의 속도와 추력을 높이기 위해 연구 중이다.

---

54 화약으로 창을 쏘는 무기인 비화창을 말한다. 비화창은 '날아가는 불의 창'이라는 뜻이다.

## 122 스티로폼은 어떻게 만들까?

스티로폼은 다우케미칼사의 등록상표다. 1954년 다우케미칼사는 원유에서 추출한 폴리스타이렌으로 발포 플라스틱을 만들었다. 초기 스티로폼은 스타이렌으로 된 구체 수지 물질에 유해한 염화불화탄소(CFC)를 불어넣어 만들었다.

스타이렌은 벤젠에서 나오는 유기 화합물이다. 벤젠은 무색의 기름기가 함유된 액체로 쉽게 증발한다. 스티로폼은 폴리스타이렌의 대표적인 상표명으로, 일회용 컵, 냉장 박스, 포장 용기로 사용된다.

하지만 세계 대부분 국가는 1980년대 후반 CFC가 오존층을 파괴한다는 이유로 단계적으로 사용을 금지했다. 현재 제조업자들은 녹은 플라스틱에 펜탄이나 이산화탄소를 불어넣어 스티로폼을 만든다. 열을 가하면 기체가 폴리스타이렌의 기포로 팽창해 '발포'한다. 수지가 식으며 가스 안의 작은 기포들을 잡아 그물 같은 구조를 형성한다. 폴리스타이렌 제품은 98퍼센트가 공기로 돼 있다. 그래서 무척 가볍고 절연(전류나 열이 통하지 않음) 효과가 뛰어나다.

미국에서 스티로폼 제품들은 흔히 커피 컵, 달걀 포장 용기, 육류 포장 용기, 수프나 샐러드 용기, 깨지기 쉬운 물건 포장 시의 완충재, 가전제품과 전자제품 배달 시의 충격흡수재로도 사용된다.

한 조사에 따르면, 학교와 병원 등에서 일회용 스티로폼 그릇과 컵을 사용하면 질병 감염 예방 효과를 높일 수 있다고 한다. 스티로폼은 습기에 강하고 강도와 견고함을 오랜 기간 유지한다. 또 만들 때 모양을 쉽게 잡을 수 있으며 가격도 종이 제품보다 싸다.

하지만 스티로폼은 오랫동안 환경에 악영향을 미쳐 왔다. 스티로폼은 쓰레기통을 금방 채운다. 폴리스타이렌 제조사들은 스티로폼이 쓰레기 매립지에서 차지하는 무게는 1퍼센트도 안 된다고 말하지만, 스티로폼이 차지하는 엄청난 부피는 언급하지 않는다. 스티로폼의 또 다른 단점은 자연분해나 재활용이 되지 않고, 태우면 유독가스가 나온다는 점이다.

현재 일상에서 사용되는 많은 제품과 마찬가지로 스티로폼은 장점과 단점을 모두 가지고 있다. 하지만 내 생각에는 장점이 단점보다 많은 듯하다.

## 123 가솔린 외 어떤 연료가 자동차에 사용될 수 있을까?

휘발유(가솔린)를 대체할 주요 연료 다섯 가지는 모두 좋은 점과 나쁜 점을 가지고 있다. 하지만 이 대체재들은 휘발유나 경유(디젤)와 비교해 환경오염이 적고 온실가스 배출량이 적다는 공통된 큰 이점이 있다.

가장 흔히 쓰이는 대체 연료는 에탄올, 즉 에틸알코올이다. E10은 에

틸알코올 10퍼센트에 휘발유 90퍼센트가 함유된 연료를 말한다. 미국에서 판매되는 많은 차종이 E10을 사용할 수 있다. 이 연료의 가격은 미국 대부분 지역에서 일반 휘발유보다 10센트 정도 비싸다. E85는 85퍼센트의 알코올과 15퍼센트의 휘발유가 들어간다. E85는 아무 구형 자동차나 사용할 수 있는 연료는 아니다. 이 연료를 사용하도록 설계된 엔진이 설비돼 있어야 한다. 이 엔진을 쓰는 차량을 가변연료 자동차라고 한다. 이 차량은 E85 연료가 없으면 일반 휘발유로도 주행할 수 있다. E85는 미국 내에서 생산이 가능하며, 엔진의 잡음이 적고 휘발유보다 오염도 적다. 가격은 일반 휘발유보다 싼 곳도 있고, 비싼 곳도 있다. E85는 널리 사용되는 연료가 아니며, 일반 휘발유와 비교해 경제성도 떨어진다. 미국 내 약 3퍼센트의 차량만 E85를 연료로 사용한다.

바이오디젤은 식물성 기름이나 동물지방으로 만든다. 다 쓴 식용유로 만들 수도 있어서, 가끔 감자튀김 냄새를 풍기기도 한다. B5는 5퍼센트 바이오디젤이고, B100은 100퍼센트 바이오디젤이다. 가장 흔한 혼합유는 바이오디젤을 20퍼센트 함유한 B20이다. 바이오디젤은 추운 겨울에 젤처럼 굳어지는 경향이 있고, 자동차 제조업체에서 B5 이상은 보증하지 않아 널리 사용되지는 않는다. 그럼에도 불구하고 전문가들은 미래에는 바이오디젤의 사용이 확대될 것이라고 말한다.

압축천연가스(CNG) 혹은 액화천연가스(LNG) 등의 천연가스는 휘발유를 대체할 세 번째 대안이다. 이 연료는 2008년 혼다의 시빅 CNG가 생산되기 시작하며 선택지에 등장했다. 천연가스는 연소 시 휘발유보다 오염이 훨씬 적어, 택시나 버스 등 대도시의 대중교통 차량에 사용하기 좋다. 천연가스는 휘발유보다 가격이 싸지만, 가스 탱크가 트렁크 전체를 차지할 정도로 크다. 또한 연료 대비 이동 거리가 멀지 않아 먼 거리를 이동하는 시골에서는 천연가스 자동차를 보기 힘들다.

네 번째로 가능성이 있는 연료는 프로판이다. 엔진 내에서 깔끔하게 연소하며 휘발유에 비해 오염물질도 적다. 액화석유가스(LPG) 형태로 만든 프로판은 택시, 버스, 화물차와 지게차 등에 이상적인 연료다. 유타주의 자이언 국립공원은 프로판을 연료로 쓰는 버스를 30대 보유하고 있다. LPG는 상온에서 약 200프사이로 액체 상태로 보관한다. LPG는 바비큐나 캠핑용으로도 많이 쓴다. 액체 프로판은 압력이 줄어들면 기체로 뿜어져 나온다. 탱크가 파열돼 가스가 빠르게 퍼지면 가스 입자가 공기의 수분과 응결해 하얗고 옅은 안개 같은 형태가 된다. 미국과 캐나다에서 LPG는 100퍼센트 프로판을 의미하지만, 유럽의 LPG는 프로판 함량이 50퍼센트 미만이다. 프로판은 세계에서 세 번째로 많이 사용되고 있는 자동차 연료다.

다섯 번째 대체 연료인 수소는 엄청난 잠재력이 있다. 연소 시 발생하는 부산물은 수증기이고, 오염물질은 나오지 않는다. 물에서 추출되는 수소는 전기 자동차의 연료전지에 사용되지만, 두 가지 이상 연료를 사용하는 하이브리드인 경우 내연기관 차량에서도 쓸 수 있다. 수소 연료는 세계 어느 곳에서나 생산할 수 있는 잠재력이 있지만, 다만 현재로서는 기술이 거기까지 미치지 못하는 실정이다. 확실한 것은 중대한 결점이 있다는 것이다. 즉 연료전지가 비싸다. 그리고 이러한 연료를 배급할 설비를 갖춘 주유소도 충분하지 않다.

# 124 날씨가 더우면 왜 기차 궤도가 휘어져 탈선이 일어날까?

매년 여름 볼 수 있는 뉴스다. 어느 곳의 철로가 계속된 무더운 날씨에 휘어져 탈선 사고를 일으켰다는 소식 말이다. 이유는 알 만하다. 철은 열을 받으면 늘어나는데, 기차 레일도 철로 만들어져 있으니 늘어나는 것이다.

옛날에는 12미터 레일마다 약간의 틈(신축 이음)이 있어, 기차가 그 위를 지날 때면 덜컹거리는 소리가 났다. 12미터 레일은 기온이 21도에서 37도까지 오르면 길이가 1.3센티미터까지 늘어난다. 하지만 미리 틈을 둬서 문제가 없었다.

이 방식은 몇 년 전 바뀌었다. 철로 회사는 이제 길이가 450미터가 넘는 레일을 사용한다. 이 연속궤도, 즉 장대 레일은 신축 이음이 없다. 이 레일은 먼저 공장에서 짧은 트랙들을 용접해 장물차에 실어 목적지에 보낸다. 그다음 그곳에서 테르밋 용접으로 접합하는데, 알루미늄 가루와 산화철 혼합물을 도가니에 넣고 마그네슘 불꽃으로 녹여 접합에 쓴다. 연소로 알루미늄 가루와 산화철 혼합물이 반응하는 2760도 이상이 되면, 이 혼합물을 미리 예열된 철로 사이에 부어 용접한다.

12미터 길이의 기존 레일 대신 450미터 이상 장대 레일을 사용하면 몇 가지 장점이 있다. 긴 레일은 짧은 레일보다 승차감이 좋고, 관리가 쉬우며, 마찰 저항도 작다. 기차가 더 빠른 속도로 이동할 수 있다.

철로 회사들은 장거리 구간 철도의 설치 계획을 세울 때 반드시 해당 지역에서 1년 중 가장 더운 날을 택해 레일이 최대한 늘어난 상태에서 설치한다. 이 레일은 날이 시원해지면 수축해 긴장 상태가 된다. 하지만 연속궤도는 기온이 40도 정도 떨어져 레일에 압박이 최고로 가해지는 상태가 되더라도, 그 네 배 이상을 견딜 수 있는 응력이 있다.

재미있는 사실은, 레일의 양쪽 폭이 1.4미터 정도로 로마 마차의 바퀴 간격과 같다는 것이다. 이는 곧 벤허의 마차도 바퀴를 바꾸면 철로 위를 달릴 수 있다는 얘기다!

## 125 활주로의 길이는 어떻게 정할까?

활주로의 길이는 공항을 사용할 비행기의 종류와 비행 일정, 공항의 고도, 바람의 속도와 방향, 주변 지형, 근접한 높은 빌딩이나 타워를 포함한 여러 요소들을 근거로 결정된다.

크고 무거운 비행기가 이륙하기 위한 충분한 양력을 얻으려면 긴 활주로에서 빠른 속도로 달려야 한다. 먼 거리를 비행하는 비행기는 더 많은 연료가 필요하고, 엄청난 무게의 연료를 싣고 이륙하려면 더 빠른 이륙 속도가 필요하다. 짐을 가득 실은 보잉 747의 무게는 45만킬로그램이 넘는다.

고도의 차이도 영향을 미치는데, 해수면 근처에 있는 샌프란시스코 공항과 산에 있는 덴버 공항을 예로 들 수 있다. '마일하이시티(해발 1마일 높이)'라는 별칭을 가진 덴버는 샌프란시스코보다 공기의 밀도가 낮아, 이륙 시 양력이 적게 생성된다. 게다가 밀도가 낮은 덴버의 공기는 제트 엔진에 유입되는 양도 적어, 고도가 낮은 공항에 있을 때만큼 엔진이 큰 힘을 내기 어렵다.

그래서 덴버 공항을 이용하는 비행기들은 다른 공항에서 이륙할 때보다 더 빠른 속도를 내야 한다. 충분한 속도를 내려면 비행기가 오래 달려야 하고 활주로가 길어야 한다. 대략 계산해 보면, 공항의 고도가 약 300미터 높아질 때마다 활주로의 길이는 7퍼센트 정도 길어진다.

해발 1500미터 이상에 있는 덴버 공항의 활주로 길이를 계산해 보면 다음과 같다. 먼저 1500을 300으로 나누면 5가 나오므로, 1.07(기존 활주로를 100으로 하고 길어지는 활주로의 비율 7퍼센트를 더한 값)을 다섯 번 곱하면 1.4가 된다. 즉, 덴버 공항의 활주로는 샌프란시스코 공항보다 40퍼센트 길어야 한다. 실제로 덴버 공항의 새 활주로 길이는 4.9킬로미터이며, 샌프란시스코 공항에서 가장 긴 활주로는 3.6킬로미터로, 계산과 비슷한 결과를 보인다. 짐을 가득 실은 보잉 747-400은 해수면 높이에서 이륙하려면 3.4킬로미터 길이의 활주로가 필요하고, 덴버와 비슷한 높이에서는 활주로가 약 1.5킬로미터 더 길어야 충분한 양력을 얻을 수 있다.

활주로의 길이를 결정하는 또 다른 요소는 기온과 습도다. 따뜻한 공기는 차가운 공기보다 밀도가 낮아 양력이 적게 생긴다. 파일럿들은 이를 밀도 고도라고 한다. 또한 건조한 공기는 습한 공기보다 밀도가 약간 높다. 파일럿들은 공항의 고도가 낮고, 차갑고 건조한 공기가 비행기 이륙에 이상적이라고 말한다.

## 126 인간의 기술이 진보하는 동안 왜 다른 동물들은 그러지 못했을까?

인류의 발전은 정말 놀랍다. 17세기 철학자 토머스 홉스는 초기 인류의 삶을 '외딴, 빈곤한, 불쾌한, 야만적인 그리고 짧은'이라고 표현했다. 인류는 단기간에 먼 곳까지 왔다. 만약 과거로 돌아가 살아야 한다면 일상이 어떨지 상상하기 힘들다.

혈거인(동굴인)은 초기 인류가 어떤 모습으로 어떻게 살았는지 추정해 만든 일종의 캐릭터다. 대개 몸에 털이 많고 동물 가죽으로 만든 옷을 입었으며, 손에는 몽둥이와 창을 든 우둔하고 난폭해 보이는 모습이다. 대중문화가 이 캐릭터를 활용하기도 했는데, 〈B.C.〉, 〈앨리 우프〉, 〈더 파 사이드〉 같은 만화나 〈프린스톤 가족〉 같은 TV 애니메이션 시리즈가 대표적이다. 일부는 동굴인들이 공룡과 같은 시대에 살았다고 묘사하기도 한다. 하지만 공룡은 6500만 년 전 멸종했다는 증거가 확실히 남아 있다. 동굴인들이 살던 당시에는 작고 털이 많은 네발 달린 포유류만 있었다.

초기 인류의 생활은 먹을 것을 찾고, 체온을 유지하기 위해 애쓰고, 영역을 지키고, 잦은 부상과 질병에 시달리고, 도구 사용을 습득하고, 시신을 땅에 묻는 모습으로 상상할 수 있다. 단지 생존하는 데 거의 모든 시간을 쓴 셈이다.

그런데 몇 가지 특징이 우리 조상들이 환경을 지배할 수 있게 만들었다. 바로 전두엽의 발달과 엄지손가락의 진화다. 이는 인간이 오랜 시간에 걸쳐 동굴에서 성으로 거주지를 옮기는 데 중요한 역할을 했다. 전두엽은 우리가 충동을 억제하고, 판단하고, 언어를 쓰고, 기억하고, 운동기능을 발달시키고, 사회를 이루고, 문제를 해결할 수 있도록 하며, 행동을 계획하고, 통제하며, 실행하는 데 주요한 역할을 한다. 다시 말해, 전두엽은 우리가 인간답게 행동하도록 기능하는 부위다. 칼 세이건의 책《브로카의 두뇌(Broca's Brain)》를 추천한다. 이 책은 전두엽이 추리, 계획, 말하기의 일부, 몸의 움직임(운동 피질), 감정, 문제 해결과 어떻게 연관되는지 설명해 준다. 스티븐 제이 굴드의《인간에 대한 오해(The Mismeasure of Man)》라는 책도 매우 좋다.

다른 손가락과 마주 볼 수 있는 엄지손가락은 인간이 도구를 매우 능숙하게 다룰 수 있게 해 준다. 혹시 엄지의 중요도에 의심이 간다면 엄지를 쓰지 않고 신발 끈을 묶거나, 풍선을 불어 끝을 묶는 일을 해 보자. 눈으로 깊이지각을 인지하게 해 주는 입체시(立體視) 또한 도구를 사용하고 사냥하는 데 큰 도움이 되었다.

인간이 오랜 시간 꾸준히 발전할 수 있었던 또 다른 열쇠는 바로 문자 언어가 있었기 때문이다. 자신이 배운 것을 기록해 영원히 남기고 다음 세대에 전할 수 있게 되면서 인간의 지식은 폭발적으로 성장했다. 구두로 전하는 건 매우 제한적이다. 이는 1500년대까지의 유럽과 북미 간의 문명 발달 차이를 보면 알 수 있다.

하지만 인간은 문제를 일으키는 면도 있다. 인간은 같은 인간 혹은 환경을 거리낌 없이 파괴한다. 전투는 인간의 본성처럼 보인다. 현재 많은 사람은 전례 없는 부와 안락함, 긴 수명, 의료, 레저 시간을 즐기고 있다. 하지만 다른 사람들과 어울리는 데 여전히 문제가 있다. 여차하면 다른 사회를 대규모로 파괴할 능력도 있다. '오직 죽은 자만이 전쟁의 끝을 볼 수 있다'는 말이 떠오른다. 누구는 그리스의 철학자 플라톤(기원전 428~348)이 한 말이라고 하고, 또 다른 누구는 스페인 출생의 미국 작가 조지 산타야나(1863~1952)의 글에 나오는 문장이라고 한다. 누가 한 말이든, 이 얘기가 진실일까 봐 두렵다.

인류와 과학의 미래는 어떻게 될까? 과학은 음악, 예술, 문학과 같은 맥락에서 문화적인 추구라고 할 수 있다. 원자와 별, 은하, 행성의 미스터리한 시작을 이해하기는 어렵다. 생명체가 어떻게 생겨나고 발달해 생물계를 이루게 되었는지, 어떻게 이 생물계 안에 인간이 생겨나 고뇌하는 두뇌를 갖추게 되었는지 생각하면 겸허해진다. 이 흔한 궁금증은 모든 국가와 종교에서 다루는 문제다. 인류는 '나는 누구일까?', '나의 존재 의미는 무엇일까?', '미래는 어떤 모습일까?' 같은 질문을 하는 유일한 생명체다.

하지만 이런 복잡성에는 대가가 따른다. 대가란 바로 우리 주변 수많은 물건에 대한 무지다. 많은 가전제품은 마치 검은 마술상자 같다.

휴대전화를 분해해 봐도 어떻게 작동하는지 하나도 알 수가 없다. 복잡성은 늘어만 간다. 일부에서는 뇌에 칩을 심거나 회로를 넣어 인간을 사이보그로 만들어 뇌의 처리 능력을 늘려야 한다고 주장한다.

과학 지식이 꾸준히 발달하고 정보가 지속해서 충족되리라고 믿는 충분한 근거가 있다. 이 과정은 점점 더 많은 사람에게 더 큰 편의, 음식, 옷, 집, 장수, 여가를 주었고, 고통은 감소시켰다. 하지만 과학에도 한계가 있다는 사실을 반드시 알아야 한다. 인간은 더 많이 안다고 해서 행동이 나아지거나 다른 사람을 더 인간적으로 대하지 않는다. 어떤 사람은 그 해악을 알면서도 발암물질을 먹고, 불법 약물을 복용하며, 술에 절어 산다. 어떤 사람은 자신의 잘못된 선택이나 다른 이의 이기적인 선택으로 가난해진다. 인간의 행동은 지식에 못 미친다.

우리는 기술적인 문제는 잘 해결한다. 사람을 달에 보내는 일은 기술적인 과제였다. 우리는 로켓의 추진력, 천체의 구조, 그리고 생명 유지 장치에 관한 이해가 있었다. 미국은 돈이 있었고, 성공에 집중했다. 하지만 '인간적인' 문제들은 잘 해결하지 못한다. 사람들이 음식이나 술, 약을 남용하지 않도록 설득하기는 어렵다. 자유가 보장된 사회에서는 건강하고 올바른 행동이라도 다른 사람에게 강제할 수 없다. 관심을 끌어 설득해야 한다. 하지만 쉬운 일이 아니다.

과학과 기술이 우리에게 '좋은 것'을 준다고 해서, 사람들이 반드시 그것을 건설적으로 사용하지는 않는다. 사람을 더 행복하게 하거나 더 생산적으로 살게 이끌지는 못한다. 인간이 노력한다고 해서 과학의 진보가 모든 분야에서 일정하게 일어나는 것도 아니다. 최근 암과의 전쟁에서 성과가 있었다. 하지만 세포생물학을 따져 보면 이해하지 못한 부분이 더 많다. 인간은 고대 마야 때부터 수백 년 뒤 일어날 일식을 예측할 수 있었다. 하지만 당장 내일 하늘이 맑을지 흐릴지 확실하게 예상하는 일은 쉽지 않다.

우리의 미래는 긍정적인 면과 부정적인 면이 있다. 어두운 쪽이 득세한다면 과학과 기술로 대량 학살을 일으키거나, 자신과 생각이 다른 사람들을 죽일 수도 있을 것이다. 하지만 밝은 쪽이 우세해진다면 제3세계 국가들도 선진국과의 격차를 줄이고, 깨끗한 물과 공기, 충분한 식량, 그리고 서구 자유주의 국가와 같은 선택의 자유를 누릴 희망을 품을 수 있을 것이다.

# 감사의 말

이 책을 낼 수 있게 도와준 많은 사람에게 감사의 말을 전한다. 아내 앤은 조사 및 집필에 많은 시간이 들어 가족과 보낼 시간도 아껴야 했던 나에게 너무나 큰 도움과 용기를 주었다. 내 세 형제와 다섯 자매에게 똑같이 감사의 말을 전한다.

질문을 보내 준 다양한 연령대의 여러 독자에게도 감사드린다. 질문을 전달해 준 이들의 대부분은 학생들의 선생님들이었다. 학생들의 질문을 공유하는 수고를 아끼지 않은 선생님들, 특히 록 셔터 선생님에게 감사드린다.

나의 질문과 대답을 읽고 도움을 준 많은 선생님과 친구에게도 고마움을 표하고 싶다. 의사인 스캇 니콜, 앨런 콘웨이, 로드 에릭슨, 릭 에드먼은 의학 분야의 조언을 해 주었다. UW 밀워키의 공학 강사들도 훌륭한 조언을 해 주었다.

위스콘신주 토마고등학교에서 내 과학 수업을 신청한 4000명의 학생들에게 깊은 감사의 말을 전한다. 여러분의 물리 수업을 1년 혹은 2년간 책임진 것은 내게 큰 영광이었다. 40년 가까운 교직 생활 동안 많은 추억을 쌓을 수 있었다.

오랜 시간 조사와 사실 확인을 통해, 이 책의 정확도를 높여 준 에

이미 패스와 멋진 그림과 일러스트를 그려 준 카렌 지안그레코와 루스 머레이에게도 감사드린다.

마지막으로 더 익스피어리먼트의 발행인이자 대표인 매튜 로어와 그의 팀에 고마운 마음을 전하고 싶다. 특히 이 책의 편집인 니콜라스 치젝은 훌륭한 조언뿐 아니라 새로운 시도를 할 수 있는 힘을 주었다. 이 책은 이들이 있었기에 세상에 나올 수 있었다.

# 실은 나도 과학이 알고 싶었어 1

**초판 1쇄 발행** 2019년 3월 11일
**초판 4쇄 발행** 2021년 3월 25일

**지은이** 래리 셰켈
**옮긴이** 신용우
**펴낸이** 이범상
**펴낸곳** (주)비전비엔피 · 애플북스

**기획 편집** 이경원 현민경 차재호 김승희 김연희 고연경 최유진 황서연 김태은 박승연
**디자인** 최원영 이상재 한우리
**마케팅** 이성호 최은석 전상미
**전자책** 김성화 김희정 이병준
**관리** 이다정

**주소** 우) 04034 서울특별시 마포구 잔다리로7길 12 (서교동)
**전화** 02) 338-2411 | **팩스** 02) 338-2413
**홈페이지** www.visionbp.co.kr
**인스타그램** www.instagram.com/visioncorea
**포스트** post.naver.com/visioncorea
**이메일** visioncorea@naver.com
**원고투고** editor@visionbp.co.kr

**등록번호** 제313-2007-000012호

**ISBN** 979-11-86639-98-6 04400
979-11-86639-97-9 04400 (세트)

- 값은 뒤표지에 있습니다.
- 잘못된 책은 구입하신 서점에서 바꿔드립니다.

이 도서의 국립중앙도서관 출판예정도서목록(CIP)은 서지정보유통지원시스템 홈페이지(http://seoji.nl.go.kr)와 국가자료공동목록시스템(http://www.nl.go.kr/kolisnet)에서 이용하실 수 있습니다.(CIP제어번호: CIP2019003026)